Qixiang Tanqi

气象探奇

姜永育　编著

U0285342

气象出版社
China Meteorological Press

图书在版编目(CIP)数据

气象探奇/姜永育编著. —北京:气象出版社,
2015.12(2019.7 重印)
 ISBN 978-7-5029-6303-3

Ⅰ.①气… Ⅱ.①姜… Ⅲ.①气象学-普及读物
Ⅳ.①P4-49

中国版本图书馆 CIP 数据核字(2015)第 302193 号

Qixiang Tanqi

气象探奇

姜永育 编著

出版发行:气象出版社
地　　址:北京市海淀区中关村南大街 46 号　　邮政编码:100081
电　　话:010-68407112(总编室)　010-68408042(发行部)
网　　址:http://www.qxcbs.com　**E-mail**:qxcbs@cma.gov.cn
责任编辑:颜娇珑　胡育峰　　　　　　终　　审:邵俊年
封面设计:符　赋　　　　　　　　　　责任技编:赵相宁
印　　刷:三河市君旺印务有限公司
开　　本:710 mm×1000 mm　1/16　　印　　张:10.25
字　　数:142 千字
版　　次:2015 年 12 月第 1 版　　　　印　　次:2019 年 7 月第 2 次印刷
定　　价:19.80 元

目 录

探索气象万千

九寨沟水去哪了

九寨沟,位于四川省阿坝藏族羌族自治州境内,沟内因有九个藏族村寨而得名。景区四周峰簇峥嵘,雪峰高耸,一百一十八个翡翠碧玉般的湖泊分布在青山环抱的"Y"字形山沟内,另有十七个瀑布群、十一段激流、五处钙化滩流相串相联,形成了中国唯一、世界罕见的自然景观。

水,是九寨沟风景的灵魂。这里的水,清纯洁净、晶莹剔透、色彩丰富,堪称世界水景之王。但是,据观测资料显示,自20世纪80年代以来,九寨沟景区湖泊的水位呈逐年下降趋势,尤其是近年来,水位下降更为明显。

九寨沟的水到哪里去了呢?中国气象局成都高原气象研究所和四川省气象局的专家,经过一年多的研究,为我们揭开了九寨沟湖泊水位变"矮"之谜。

水减少的四种猜想

九寨沟的水,主要由地表水和地下水组成。地表水来自四周高山上的积雪,积雪融化后形成涓涓细流,最后汇成溪水源源不断地注入湖泊之中;地下水是地层渗出的水,在九寨沟的众多湖泊中,人们已发现了许多泉眼,这些泉眼日夜不停地往外渗水,成为湖泊水源的重要组成部分。

根据九寨沟的水系和水源特征,人们对景区湖泊水位的下降作出了四种猜想:其一,地下水的渗漏,有人认为,很有可能是湖底的岩石结构出现了异常变化,比如出现了裂缝,水顺着裂缝渗走了;其二,湖泊流出的水量增大,比如人为扩大了湖泊出水口的面积,使得流出的水量比原来增多,导致了水位的下降;其三,蒸发量的加大,在全球气候变暖的影响下,由于温度增高,使得湖泊内的水蒸发加快,从而使水位降低;其四,天上降水的减少,由于雨雪补充不足,使得整个九寨沟的水资源日趋匮乏,从而使湖泊内的水量随之减少,水位下降。

这四种说法,似乎都有一定的道理,但哪一种说法更科学、合理呢?

失水的真相

对水位下降的四种设想,科学家们首先否定了第二种说法,因为九寨沟属国家级风景名胜区,景区内的一草一木都是重点保护的对象,人为扩大湖泊出水口的现象不可能出现,湖泊流出的水量因此不会增大。

至于地下水渗漏之说,科学家们经过实地勘察和研究,认为湖底的岩石结构非常稳固,不可能出现裂缝,地下水渗漏的可能性很小。

那么会不会是蒸发的原因呢?在深入研究的基础上,科学家们对全球气候变暖,蒸发量增大影响水位之说也予以了否定。因为九寨沟地区的气温虽然在 20 年间升高了 0.11 ℃,但这一变化微不足道,对水位构不成真正的威胁。

看来,引起九寨沟水量减少的只有一个原因了,那就是天上降水的减少,但这种说法有何科学依据呢?

　　天上的降水,一部分在九寨沟四周的高山上形成积雪,融化的雪水形成九寨沟地面径流的源泉,而另一部分降水则直接以雨水的形式落到地面,补充地面径流的水量,或是渗入地下,形成丰富的地下水。因此可以说,大气降水是九寨沟水资源的根本保障。

　　而近几十年来,九寨沟的大气降水正呈逐年减少趋势。科学家们通过对九寨沟地区1959—2002年的气象观测资料进行分析后发现,44年来该地区的大气降水呈减少趋势,而与之对应的是,九寨沟景区湖泊的水位也出现了下降,两者呈现正比例关系,尤其是在降水减少最多的7月,景区湖泊出现了不可思议的低水位现象。

　　据此,科学家们认定:天上降水的减少,正是九寨沟景区水量减少的直接原因。

　　那么,是什么原因导致了九寨沟上空的大气降水减少呢?

天上降水为何减少

　　四川省气象局和中国气象局成都高原气象研究所的专家们通过对九寨

沟、黄龙地区多年的气象观测资料进行分析研究后,发现导致该地区大气降水减少的罪魁祸首是夏季风。

夏季风,来自广阔无垠的洋面,它就像一台巨大的水泵,把水汽源源不断地从海洋输送到陆地。九寨沟、黄龙地区身处内陆,低层的气流难以直接到达,因此水汽输送主要依靠夏季风的巨大动力。冬、春季节,该地区的水汽主要来源于中纬度偏西风水汽输送,夏、秋则主要来源于孟加拉湾、南海和西太平洋地区。专家指出,近几十年来,夏季风发生了异常变化,它吹向内陆的北界出现了偏差,使得南来水汽向北输送减弱,从而造成了九寨沟、黄龙地区水汽不足,大气降水因此减少。

但仅仅是这一原因造成的吗?

我们知道:大气降水的产生,离不开冷暖空气的交汇,暖湿空气如果没有冷空气的刺激,一般不会产生降水。因此,从某种意义上说,来自北方的冷空气就犹如降水产生的"发动机",它的频频南下,是九寨沟、黄龙地区降水的重要因素。

过去,北方冷空气长驱直入,年年如约而来,在九寨沟、黄龙地区与暖湿空气汇合降下大量雨雪。但是近几十年来,在巴尔喀什湖以东到贝加尔湖以南一线的高空环流发生了显著变化,特别是在九寨沟、黄龙地区急需降水的7月,大气环流在此形成了一座隆起的"高地",冷空气被迫绕道而行,从而

使得到达九寨沟、黄龙地区的冷空气势力十分薄弱,无力与暖湿空气争锋抗衡,因而难以成云致雨。

除了气候变化影响,人类活动对九寨沟、黄龙地区的降水减少有没有直接关系呢?

20 世纪 80 年代,是九寨沟、黄龙景区及邻近地区气候发生显著变化、降水减少的重要时期,而这一时期,也正是人们大量涌入九黄景区的开始。因此可以说,在全球气候变暖的背景下,人类活动的影响,干扰了九寨沟、黄龙地区的局地气候,加剧了区域气候的变化,对该地区的降水减少有着不可推卸的责任。

此外,周边生态环境的恶化,也对九寨沟和黄龙地区的气候变化产生了影响。与九寨沟、黄龙地区直线距离不足 200 千米的若尔盖、红原,是川西北最大的湿地区。湿地对维护一定区域内的生态系统平衡具有重要作用。然而,20 世纪 80 年代以来,一方面受全球气候变暖、持续干旱等自然因素的影响,另一方面由于人类过度放牧、在草地上滥采滥挖、过度用水等人为因素,湿地退化、草地沙化现象较为严重,对九寨沟、黄龙地区的气候变化影响显著。

天湖为何发怒

在另称"世界屋脊"的青藏高原上,有一个叫纳木措的湖泊,这个被誉为"天湖"的美丽湖泊,孕育着方圆数千平方千米的生物,它可以说是造福一方的"母亲湖"。然而,近年来"天湖"不知为何频频"发怒",湖水在几年内连续上涨,淹没了许多牧民的家园,迫使人们不得不搬迁到高处去生活。

"天湖"为何发怒呢? 让咱们一起到青藏高原了解一下吧。

造福一方的天湖

纳木措位于西藏拉萨市当雄县和那曲地区班戈县之间,这个形状近似长方形的高原湖泊,东西长 70 多千米,南北宽 30 多千米,面积 1 920 多平方千米。湖水最大深度 33 米,湖面海拔高度 4 718 米,为世界上海拔最高的大型湖泊。传说,这里本没有湖,有一天,有位牧民赶着牛羊到这里放牧时,口渴难耐,就在他和牛羊一起四处寻找水源时,突然发现一块天空徐徐降到了地面上,形成了这方清澈湛蓝的湖泊,因此这个湖也被称为"天湖",而在藏语中,"纳木措"也是天湖、灵湖或神湖的意思。

纳木措的湖水清澈、湛蓝,像一面巨大的宝镜镶嵌在藏北草原上。湖水之中,游动着这里特产的细鳞鱼和无鳞鱼,野鸭、天鹅等禽鸟在这里嬉戏打闹。每一个到过纳木措的人,无不为这里的美景深深陶醉:放眼望去,只见碧蓝色的湖水倒映着蓝天白云,远处雪山耸立,近处绿草如茵,五颜六色的花儿灿烂盛开,组成了一幅美不胜收的大自然画面。

纳木措的水量十分丰沛,巨大的蓄水量滋养了流域内的大片草原,特别是在湖岸四周,水草格外丰美,野牛、山羊等野生动物在这里幸福生活,而当地牧民也世世代代在这里放牧,过着无忧无虑的生活。

天湖频频"发怒"

可就是这么一个美丽的湖泊,却在近年频频"发怒"。

从 2005 年开始,牧民们平静的生活就被打破了:"天湖"的水位不知为何开始上涨,环湖而居的人们面对一日日逼近的湖水,刚开始心里还存有一丝侥幸,以为湖水不可能涨到家门口。但到了 2006 年,"天湖"的"愤怒"达到了顶峰:许多牧民的家被湖水淹没,大家不得不离开家园,将家搬到地势较高、离湖较远的地方去了。

湖水上涨的现象,也被科学家及时发现了。中国科学院青藏高原研究所专门在纳木措设立了一个观测站,据工作人员观测,从 2005 年到 2008 年的 4 年多时间里,纳木措的水位上涨了 7 米,湖面海拔高度从 4 718 米变成了 4 725 米,整个湖水增加了近 140 亿立方米。

"天湖"发怒、湖水持续上涨的原因是什么呢?可能人们首先会想到的是天上降雨增多引起的湖水上升,但事实上,这几年纳木措地区的降雨和过去相比并没有增多,相反,有的年份降雨还减少了,这真是一个奇怪的现象!

"天湖"发怒的原因

纳木措的东南面是直插云宵、终年积雪的念青唐古拉山,纳木措湖水主要靠念青唐古拉山的冰雪融化后补给。念青唐古拉山上的座座雪山,实际都是一些冰川。在纳木措四周,有西布冰川、扎当冰川、拉弄冰川、爬努冰川等著名的冰川,它们可以说是青藏高原上的"固体水库",这些冰川每年夏天"瘦身"融化后,向下游补给水源,并在冬天时经过降雪再让自己变得"肥壮"起来。在正常年份,冰川的融化和补给基本是平衡的,因而使得纳木措能维持一定的水位不变。

不过,从2005年开始,一种可怕的现象在这里出现了,这就是全球气候变暖。全球气候变暖是一种大范围的、变化不是很显著的增温现象,它虽然悄无声息,但却在暗中干了不少坏事,特别是对冰川的影响较大。在它看不见的"魔手"折腾下,念青唐古拉山上的冰川融化速度加快,融化的水量也比往年增多,这些水注入纳木措湖中,便造成了湖水的持续上涨。

据科学家考察,除了冰川融化这一罪魁祸首外,湖水上涨还有两个原因。

第一个原因是冻土的融化。纳木措属于高寒地区,地表在常年寒冷的气候中结下了一层厚厚的冻土,这些冻土中也有大量的冰。当气温升高,冻土融化时,土里的冻也随之化成水注入了湖中,使得湖水不停上涨。

第二个原因是湖水蒸发量的减少。湖水蒸发,除了受到温度的影响外,还要受空中云量、空气湿度、风速等气象因素的影响。根据专家们的研究,最近几年来,纳木措地区的云量有所增加,这些云挡住了太阳,减少了阳光炙烤湖面的时间,从而使得纳木措湖水的蒸发量反而比过去减少了。

融冰使湖水量不断增加,而云量增多使蒸发量减少,这就是"天湖"发怒的真正原因。

黑竹沟怪雾不怪

雾是大自然的一种气象现象。它缥缥缈缈，捉摸不定，使人们感到神秘和诡异。而在某些地区，频繁出现的雾甚至会荼毒生灵，令人望而生畏。其中，四川省乐山市的黑竹沟怪雾便是典型代表。

神秘失踪事件

黑竹沟位于四川乐山市峨边彝族自治县境内，面积约 180 平方千米，当地人称为"斯豁"，意思是死亡之谷。黑竹沟以其新、奇、险的特点，吸引了众多的摄影家、科学家组成的考察队深入其中探险揭秘。这里地理位置特殊，自然条件复杂，生态原始，曾出现过数次人、畜进沟神秘失踪的现象，有人说它是"恐怖魔沟"，有人称它是"中国的百慕大"。人们一说起黑竹沟，就会谈虎色变。

黑竹沟曾经发生过多起神秘的失踪事件：1950 年，国民党胡宗南残部 30余人，仗着武器精良穿越黑竹沟，入沟后却无一人生还，因此，这里留下了"恐怖死亡谷"之说，而解放军 3 个侦察兵从甘洛县方向进入黑竹沟仅排长一人生还；1955 年 6 月解放军某部测绘队在黑竹沟高缘派出 2 名战士购粮，途经黑竹沟失踪,后来只发现二人的武器;1991 年 6 月 24 日黄昏,神秘的黑竹沟突然浓云密布,林雾滚滚,大有遮天蔽日之势,川南林业局设计工程小队的 7 名队员、17 名民工集体失踪于黑竹沟,幸而由于发现早,寻找及时,这 24 人历尽艰难最后重返家园;1976 年四川森堪一大队 3 名队员失踪于黑竹沟,发动全县人民寻找,三个月后只发现 3 具无肉骨架……据不完全统计,自 1951 年以来,川南林业局、四川省林业厅勘探队,部队测绘队和当地人曾多次在黑竹沟遇险,其中造成 3 死 3 伤,2 人失踪。

黑竹沟还曾经发生过多起信鸽迷路现象:2007 年 5 月 1 日,黑竹沟风景区管理人员潘松、张帆正在沟口散步时,突然发现两只鸽子从天空坠落,他们找来食物和水喂了鸽子,但鸽子仍不飞走,而是在沟口一圈又一圈盘旋,持续了整整一周,几天后,峨边县信鸽爱好者易小辉、陈仁亮在黑竹沟沟口放飞了 4 只信鸽,但只有一只鸽子飞回 17 千米外的家,其余至今踪影杳然。

黑竹沟的神奇传说

黑竹沟处于四川盆地与川西高原的过渡地带,境内重峦叠嶂,溪涧幽深,迷雾缭绕,给人一种阴沉沉的感觉,加之彝族古老的传说和彝族同胞对这块神奇土地的崇拜,使得黑竹沟充满了神秘的色彩。

在当地,流传着许多古老神奇的传说。其中,以"三箭泉"的传说最为美丽动人:远古时有一位名叫牛批的彝族大力士率众人在沟中打猎,他们在山中不知不觉喝完了所带的饮水,三天过后因又饥又渴,一个个都昏倒在地,隐约中,一位仙女来到牛批的身边对他说:"英雄啊,请不要着急,鼓起勇气来,水是能找到的。"仙女说完,舞起彩带指着一处地方。牛批惊醒过来,顺着仙女指的方向望去,看到的是一堵陡岩,他迷惑了,但想起仙女的话,他毅然拉开神弓,连续射出三支神箭,刹时三股泉水从陡岩上喷涌而出,使众乡亲死里逃生。这三股泉从此就被称为"三箭泉"。

不过,除了美丽的传说,当地也有不少令人恐怖的说法,传说20世纪50年代曾有彝族同胞发现过野人的踪迹,80年代曾有人发现过翼展达一米多的巨鸟,还有人声称看见过"两头兽"。1997年,四川省林业厅的两位工作人员进入峡谷后,再也没有回来。2006年,川南林业局组成调查队再次探险黑竹沟,他们在关门石前约两千米处放入猎犬,可是好久都不见猎犬回来。向导急了,对着天空大喊,霎时阵阵浓雾滚滚而出,队员们近在咫尺却看不到彼此,只好停止探险。

黑竹沟迷雾不怪

是什么原因导致人进沟后失踪呢? 很多原因至今还是个谜。但据分析,这些失踪事件与当地频频出现的"怪雾"有着千丝万缕的联系。

山雾,是黑竹沟最大的特色,这里经常迷雾缭绕,浓云紧锁,使沟内阴气沉沉,神秘莫测。黑竹沟的雾千姿百态,变化诡异:清晨紫雾滚滚,傍晚烟雾满天。遮天蔽日的雾时近时远,时静时动,忽明忽暗,变幻无穷。据当地人介绍,人进沟不得高声喧哗,否则将惊动山神,山神发怒会吐出青雾,将人畜卷走。

山神之说当然不可信。有人分析,人畜入沟失踪死亡与浓雾的存在有很大的关系:人若进入深山野谷的奇雾之中,地形不熟,若浓雾数天不散,方

向无法辨别,是很难逃脱出死亡谷陷阱的。当地因此有这样的顺口溜:石门关,石门关,迷雾暗沟伴保潭;猿猴至此愁攀援,英雄难过这一关。

那么,黑竹沟一带为什么会频频出现"怪雾"呢? 其实,"怪雾"不怪。黑竹沟面积约180多平方千米,它是四川盆地与川西高原、山地的过渡地带。境内重峦叠嶂,溪涧幽深,海拔高度从1 500米到4 288米不等。这里古木参天,箭竹丛生,奇花怒放,异石纵横,山泉奔涌,而天气更是复杂多变,阴雨无常。由于当地降雨充沛,湿度极大,再加上海拔较高,植被茂盛,昼夜温差较大,因而黑竹沟一带常出现天空阴沉、迷雾缭绕的景象。雾一旦形成后,由于当地地形闭塞,空气流动不畅,无风或微风的时间很长,因而雾长时间持续不散。在浓雾的笼罩之下,进入其间的人畜会无法辨别方向,因此便无法走出山沟了。

雨城"天漏"无休止

　　雨是上天赐予大地的甘霖,近年来随着气候变迁和生态环境恶化,许多地方雨越下越少。但在其他地方喊渴的同时,"雨城"——四川省雅安市依然云丰雨盈,天漏不休。

　　雨城为何"天漏"呢?

雨城"天漏"由来已久

　　雅安雨多,可追溯到远古。自古以来,雅安便有"华西雨屏"、"雅州天漏"之称。据史载,公元561年,北周武帝收复青衣、邛徙地区推进汉民郡县,隋时立雅州,那时雅州便"多雨,天无有三日之晴"。唐代诗人杜甫诗曰:"地近漏天终岁雨"。诗人李商隐亦感叹:"何当共剪西窗烛,巴山夜雨涨秋池。"雅安民间也历来有"蜀犬吠日""雅无三日晴"之民谚。

　　雅安多雨有三个特点,据气象专家介绍:一是降雨日数多,一年365天,雅安雨雾笼罩的日子便有200多天;二是雨量大,雅安年均降雨量1 800多毫米,在内地实为罕见;三是降水时数长,全年降水累积时数高达2 319小时——有此三多,雅安可谓名

副其实的"雨城"。但与降雨量最大的地方相比,雅安之雨不算最多,比如台湾的基隆市号称"雨港",全年降雨量多过雅安。

　　雅安"雨城"之得名,是因为其地处内陆,在水汽不如沿海充沛的条件

下，每年却降下了比沿海许多地方还多得多的雨水。雅安多雨，还有两个显著特点：一是夜雨多，雅安的雨有 70% 以上发生在夜间，很多时候雨从入夜开始飘落，天明即云散雨收；二是暴雨多，暴雨一般在夏季发生，年均暴雨次数在 8 次左右，最多年份达到 15 次。其中，2003 年 8 月 25 日至 26 日发生的特大暴雨，6 小时降雨量达到了 227.9 毫米。从观测资料统计来看，那次暴雨过程的 6 小时降雨量为 1951 年以来的最大值。

"天漏"造就气象万千

"天漏"雨多，造就了雅安诸多神奇的气象景观。雅安市东南面有一山，名曰周公山。远望此山，山顶大部平坦，惟一山峰尖峭突起，似高高扬起的头颅。据当地人讲，每当次日天要下雨，周公山尖峰上就会云遮雾绕，远远望去，似一朵硕大蘑菇长在山顶上，预示次日将有小到中雨；若云再厚密一些，远望山似戴着一顶草帽，预示次日将有大到暴雨。附近农村流传有"山顶蘑菇云，次日雨淋淋""山戴云帽，鱼儿乱跳，大雨就要到"等农谚。这种山顶云帽的情景在晴天尤为明显，有时晴空万里，别处一丝云彩也没有，若第二天要下雨，周公山顶峰就会出现孤零零的一朵云。日至正午，阳光直照，云顶遮住日头，在山顶上投下一片荫凉，其景象恰似周公山顶峰所戴的一顶草帽。

除了"山戴云帽示晴雨"奇观，在雅安荥经县太湖寺，有一棵会流泪的古树也令人百思不解：夏日炎炎，酷暑难耐，然而人们只要站在"流泪"的神奇古树前，立时暑气全消，清凉无比。天气越是炎热，树上滴下的水珠就越多，当地人管这棵树叫"会流泪的古树"。此外，还有"喷鱼兆风雨"奇观：在雅安的周公河中，每当天气变坏、暴风雨来临前，就会有一种"石斑鱼"从藏身的洞穴中游出，争先恐后地跳出水面，好似洞穴喷鱼。据当地人讲，"喷鱼"现象出现的当晚，一般都会有大风大雨天气出现。除上述奇观之外，还有一些神秘的气象现象至今无人能解：距雅安市 40 千米的芦山县罗城山顶有一瀑布，此瀑"天晴水大，有雨水小"，对次日的天气预测极准，当地人将其视为

"晴雨表";雅安市上里镇的白马泉,泉水涌动时"能闻马蹄声声",且泉水的涨落与天气相关;蒙顶山上的"雨井",上面经年盖有一石板,传闻"板揭即雨,板盖雨停",令人称奇。

揭开"天漏"之谜

在雅安,有一个美丽的神话传说:上古时代天被苍龙撞破,女娲炼五彩石补天。当别处都已补全,唯剩雅安一方天空时,女娲精疲力尽。她勉强托起最后一块五彩石飞临雅安上空,几番努力,终因劳累过度坠于雅安地界,呕血而亡。从此雅安便被霪雨笼罩,而女娲也化为"雨城"的一座山峰,怅恨地守望在碧波翻卷的青衣江边。

雅安人对女娲尊崇有加。雅安市的音乐广场旁边,矗立着女娲补天的石雕像:女娲双手托石,仰望天穹,一副即将飞升补天的姿势。"女娲虽然没有把雅安的天空补好,但她为补天泣血而死,所以雅安人永远把她当成雨城的守护神。"一位上了岁数的雅安人如是说。

传说归传说,雨城"天漏",其实是由雅安自身所处的特殊地理环境造就的。据专家解释,雅安的西侧,是号称"世界屋脊"的青藏高原,而东面则是平畴千里的四川盆地,雅安处于这两种天壤之别的地貌环境之间,常受高原下沉气流和盆地暖湿气流的交互影响,再加上从印度洋来的南支西风挟带大量暖湿气流,常被迫绕高原东移进入雅安境内,这几种气流相互作用,致使雅安不但雨日多、雨时长,而且雨量大。从地图上,确实可以清楚地看到雅安处在高原和盆地的夹缝之间,即使是外行也能想像得到:一旦高原和盆地上空的气流有什么"风吹草动",雅安都会饱受降雨之苦。

　　雨城"天漏"的另一个重要原因,是雅安别具一格的地理形状。气象专家指出,只要看雅安四周的山脉就不难发现,它的西面是高大雄峻的二郎山,西北方是险峻的夹金山,南部有大相岭横亘相向,只有东面一个出口。"喇叭"形的地形,造成东来暖湿气流只能进不能出,一到夜间,四周山上的冷空气下沉,冷暖气流一经交汇,雨城就下起淅淅沥沥的雨来了。这同时也是雅安为何夜雨较多的原因。此外,专家还指出:雨城天漏需要大量的暖湿气流,从大气环流形势分析,为雨城输送水汽的大气环流有太平洋副高和偏南气流。有它们的帮助,雨城的天空因此长漏不休。

　　雨城"天漏",是由大自然鬼斧神工造就的独特地理环境形成的,只是,类似雅安这样的地理环境,在全球独一无二。所以,"雨城"也只能非雅安莫属了。

一山之隔两重天

仅仅一山之隔,山前山后的气候和地貌却迥然不同;只隔着一个小山峰,但山前大雨山后却晴空万里……你知道这其中的奥秘吗?

神奇的"神山挡雨"

在中国西南地区,有一座叫"泥巴山"的大山,山峰海拔高度为 3 000 多米。炎炎夏日,泥巴山北面山麓下一个叫泗坪的小镇经常大雨肆虐,积水四溢,而南面半山腰另一个叫清溪镇的地方却晴空朗朗,滴雨全无,尘灰飞扬。

人们乘车翻越泥巴山,常常会看到十分有趣的一幕景象:车行驶至泗坪镇一带时,大空突然黑云翻滚,惊雷震天,转瞬之间,豆大的雨滴噼里啪啦地砸下来。一路冒雨前行,越往山上走,雨滴越稀,降雨强度越小,当走到清溪

镇境内时，雨滴不见了，太阳从云层中钻出来，火辣辣地照耀着大地，地面干得尘灰飞扬，连一滴雨的影子都见不着。此时回望山下，泗坪镇仍然笼罩在哗哗大雨之中，轰隆隆的雷声不时传来，令人十分惊异。有人因此将泥巴山称为神山，将这种现象说成是"神山挡雨"。

为什么会出现一山之隔降雨却相差殊异的现象呢？气象专家解析，这是降雨的性质和特殊的地理环境共同造就的结果。生成暴雨的重要条件：一要有充沛的水汽，二要有强有力的动力抬升作用。当暴雨云团遇到山脉的阻挡时，其迎风坡就会给暖湿气流以很强的抬升作用，从而凝结成雨滴降到地面，而云团一旦越过山脉后，气流会迅速下沉，云中的水滴因增温而蒸发掉，不易凝结成雨，所以降雨就会马上减弱甚至停止。泥巴山的北面即泗坪一带水汽充沛，而且处于迎风坡，所以翻山云团常在此降下大量雨水，而南面的清溪一带因处于背风坡，不但鲜有雨水光临，而且还会受翻山气流下沉增温的影响，常遭干热风的袭扰，使得当地的气候变得十分干热。

过一山，另一天

其实，这种"神山挡雨"的现象在中国许多地方都可见到，其中最明显的是二郎山。

闻名全国的二郎山不但"山高万丈"，而且还因地形复杂奇特，造就了诸多的气象景观，其中，"一山之隔两重天"的奇特景色更是令人叹为观止。

如果沿着川藏公路翻越二郎山，就会惊奇地发现，仅仅一山之隔，东坡和西坡的气候、地貌、植被、土壤等却天差地别。在东坡的山麓下，只见公路两旁草木葳蕤丰茂，原始森林郁郁葱葱、茫无际涯，近处青绿苍翠欲滴，溪流纯白如银，水声潺潺，入春后，更显山花烂漫，处处鸟语花香——这里的景色可谓妖娆迷人，可气候却实在不敢恭维，不是霪雨霏霏，就是白雾迷茫。当汽车一翻过垭口，开始下坡后，呈现在眼前的却又是另一番天地：蓝天无垠，艳阳朗照，朵朵浮云洁白无瑕，空气透明清新，放眼能看到前方耸入云端的冰山雪峰，俯视脚下的大地，则见高低不平的黄土地上一片荒凉萧瑟，这里群山裸露，土丘寸草不生，而且气候异常干燥，热风劲吹，溪水断流——谁能想到，仅仅一山之隔，东坡和西坡的气候差异却如此之大，难怪当地有这样的谚语："过一山，另一天"、"一山之隔两重天"。

二郎山为什么会形成这种特殊的气候差异呢？气象专家分析，这跟它复杂而奇特的地形条件有关。二郎山的山体呈有秩序的南北走向，这使它的东坡处于迎风面，大量的暖湿气流在这里因抬升作用而凝结成雨滴降落，因此东坡雨水偏多；西坡因高大山体阻挡，暖湿气流在跨越时几乎丧失殆尽，而且过山后的温度也会过高，导致剩余的水汽蒸发，再加上西坡一带地形闭塞，气温较高，蒸发旺盛，很难形云成雨，因而西坡一带的气候干燥、少雨。

奇特的"阴阳界"

"窗含西岭千秋雪，门泊东吴万里船"，唐代大诗人杜甫诗中所提到的西岭雪山，也是一个典型的一山之隔两重天。

西岭雪山距成都市区95千米，是国家重点风景名胜区。景区内数百座峰顶终年白雪皑皑、晶莹闪耀,晴日在成都市区清晰可见。景区的奇山异水在大自然的长期雕琢下,形成了"九瀑一线天"、"飞泉洞"等10余处景点,其中的绝妙景点"阴阳界"更是令人叹为观止。

"阴阳界"一带海拔高度3 000余米,山体逶迤千米,呈南北走向,似一条长龙横卧在西岭雪山大雪塘东侧,在川西山地间蜿蜒盘旋。放眼望去,山间嶙嶙的白云岩,在阳光的照耀下,银光闪烁,耀人眼目。山体壮观奇特,而山巅两侧的天气更是令人叫绝:山的西面,艳阳高照,晴空万里,万象争荣,生机蓬勃,而山的东边,晦气弥空,若明若暗,混混沌沌。伫立留神,会看到东边山体下的万丈深渊不时冒出一团黑雾,飞速升腾扩散,随即乱云飞渡,阴霾狂舞,毛毛细雨或大滴阵雨随之而来。而不管东边的天气如何骤变,西面的天空始终晴朗高远,艳阳四溢,云淡天高。如果留意观察,甚至会

看到西面有一股光亮、温热而蓬勃的气流循着白沙岗走向排成长阵升腾,而东面也有一股晦暗、阴湿而狂浪的气流上升。两脉气流升腾在山巅上空,列阵抗衡、抗压,乃至搏斗,出现了奇妙的孤光虹影,彩虹横跨山巅两侧,横贯南北,令人惊叹叫绝。

西岭雪山之所以出现奇特的"阴阳界"现象,这与山体的高大和山形的排列走向密切相关:山体高大,使得东面四川盆地内的暖湿气流无法逾越,而西面青藏高原的干冷空气也被挡在了山的另一侧,两股气流因山体的阻隔而无法"会师",只能遥遥相对,各自为阵;山体呈有秩序的南北走向,使得其东面的山坡处于迎风面,盆地内的大量暖湿气流在这里因抬升作用而凝结成雨滴降落,因此东面一带常云雾缭绕,天气变化莫测,雨雹无常;西坡因高大山体阻挡,暖湿气流在跨越时几乎丧失殆尽,而且过山后的温度也较高,导致剩余的水汽蒸发,很难形云成雨,从而形成了奇特的"阴阳界"。

大佛千岁终不老

在四川省的乐山市,有一尊距今约1300年的石雕大佛。这尊神秘的大佛背靠大山,面对大江,是世界现存最大的摩崖石像。1996年,乐山大佛与峨眉山一起,被联合国教科文组织批准为"世界文化与自然遗产",正式列入了《世界遗产名录》。

让人奇特的是,这尊大佛任凭风吹雨打,日晒霜滋,至今仍旧高高耸立在江边,为秀丽的巴山蜀水增添了许多神秘和奇异的色彩。

乐山大佛,为何经过了一千多年依然青春不"老"呢?

大佛是如何修造的

乐山大佛从唐朝的唐玄宗开元初年开始凿刻,唐德宗贞元十九年修造完成,历时达90年。

大佛开凿的发起人,是一名叫海通的和尚。据说海通和尚是贵州人,他从小背井离乡,来到乐山凌云山下当和尚。凌云山脚下是岷江、大渡河、青衣江三江汇聚之处。每年汛期来临时,乐山及其上游地区经常下暴雨,导致山洪暴发,洪水似脱缰野马,横冲直撞,常常冲毁农田。更可怕的是,三江洪水在凌云山下汇合后,常常激起十几米高大浪,将过往船只打翻,或是使其触壁撞得粉碎。因灾难经常发生,因此民间传说此处有水妖作怪。

为了制服江水,海通和尚立志开凿一尊大佛来镇住水妖。为此他四处化斋,积少成多,经过几年的努力,终于筹够了资金。开凿那天,老百姓全都跑来观看,一个个脸上露出了喜悦的神色,但地方官吏却百般刁难,并想趁机收取建造和保护费。面对贪官,海通大义凛然地说:"我的眼睛可以剜,但造佛的钱财你们休想得到。"说完,他立刻剜出了自己的眼睛。地方官吏大吃一惊,吓得赶紧逃离现场。海通忍住剧痛,指挥人们继续动工开凿。后来,海通和尚死后,他的徒弟领着工匠继续修造,经过90年的努力,乐山大佛终于耸立在岷江、大渡河、青衣江汇流之处。

这尊大佛与大山一样高,他的大脚踏在大江岸边,双手放在膝盖上,整个身高70多米,仅脑袋就有15米高,脑袋上可以放置一个圆桌呢。耳朵长7米,眼睛长3.3米,耳朵中间可站两条大汉。他的肩膀宽28米,可做篮球场。它的脚背上可围坐一百多个人,真是名副其实的巨人。更令人奇异的是,从远处眺望大佛,就会发现其所在地区的山形构成了一尊睡佛,而大佛刚好位于睡佛的心脏位置,这样的巧合真是十分奇妙。

今天,人们在欣赏这尊大佛的同时,都不仅会产生这样的疑问:经过了千年的时间,大佛是如何与大自然的风吹日晒相抗衡的呢?

乐山复杂的气候

乐山地区的气候十分复杂,空气湿润,雨量十分丰沛。这个地区的年平均降水量绝大多数在 1 000 毫米以上,与乐山大佛相邻的峨眉山市降水量更是高达 1 500 毫米以上。除了雨多湿度大外,乐山大佛所在的凌云山常年江风不断,潮湿的江风,对大佛的侵蚀不容忽视。因为雕刻大佛的石山属石质密度较低的紫砂岩,这种岩石很容易被风化。但千百年来,徐徐江风却没有对大佛构成"生存"威胁。此外,乐山地区夏季太阳光十分强烈,盛夏气温有时高于35 ℃。炎炎烈日,常使人汗流浃背,对大佛的炙烤更不用说了。而冬春季节的低温和寒潮,对大佛的影响也较大,有的年份乐山也会发生春旱和夏旱,干旱严重时,部份地方人畜饮水会产生困难。

在如此复杂多变的气候环境下,人们是如何保护大佛的呢? 乐山大佛刚开始建好的时候,人们还修建了13 层楼高的楼阁来保护大佛。这座楼阁在当年算得上是超高大的摩天大楼了。可惜这座大高楼在几百年后,被明朝末年的战火毁坏了。今天的游人还可以从大佛两侧的山崖上看到几十处孔穴,那就是当年建造楼阁时,安置梁柱的地方。

没有了阁楼遮风挡雨,大佛便完全裸露在了江边。那么,是什么原因使大佛保持了"青春"容颜呢?

清代诗人王士祯曾咏乐山大佛"泉从古佛髻中流"。游览大佛景观时,你如果仔细观察就会发现:大佛身上有一套设计巧妙的排水系统。在大佛头部共18 层螺髻中,第4 层、9 层、18 层各有一条横向排水沟,衣领和衣纹皱折也有排水沟;两只耳朵背后靠山崖处,有长 9.15 米、宽 1.26 米、高 3.38 米的洞穴……这些巧妙的水沟和洞穴,组成了科学的排水、隔湿和通风系统,千百年来对保护大佛,防止侵蚀性风化,起到了重要的作用。

但是,仅仅依靠这些排水、隔湿和通风系统是远远不够的,那么,保护大佛的神秘"法宝"还有什么呢?

设计巧妙"老天"相助

原来,这一"法宝"便是当初在建造大佛时,充分考虑了气象因素的综合利用。气象专家介绍,乐山大佛所处的位置,最大限度地避开了风吹、日晒和雨淋,而且各气象要素之间相互作用,使大佛受益匪浅。

首先,大佛所处的位置,是三江汇合之处,三江的顺河风在这里呈直角对吹,相互削弱,使得吹到大佛身上的江风并不猛烈,相反,徐徐清风还有助于大佛排湿。其次,大佛的身体微微凹进山体,再加上周围树木的遮挡,使其避开了正午阳光的直接照射,但早晚的阳光却能对其"全方位"照射,有助于大佛保持干爽身体。第三,大佛的身体高大陡峻,十分光滑,雨水落上去很难存留,再加上科学的排水系统,因此也

在一定程度上延缓了其"衰老"的程度。在一千多年的唐朝,工匠们便能充分考虑气候的影响,并合理利用气候条件,不能不让人叹服。

当然,大佛的保护,除了老天的特殊"照顾"外,人工的保护也至关重要。解放以来,大佛经历了几次较大的维修,特别是其列为"世界文化与自然遗产"后,更是受到了重点保护,因此,今天我们才能有幸看到:这尊大佛青春依然,高高雄踞在三江汇合之处。

成都野象失踪之谜

森林茂密,草长莺飞,成群结队的野象在树林中自由自在地往来——这既不是东南亚的风光,也不是非洲的景象,而是 3 000 年前成都平原最为常见的一幕情景。

可是 3 000 年后的今天,野象们全都不见了踪影,它们就像一群匆匆过客,从成都平原彻底消失了。野象为何神秘消失?它们又去了哪里呢?

不可思议的野象乐园

四川盆地位于中国西南部,这里气候温暖,雨水充沛,非常适合人类生存,特别是成都平原一带更是"沃野千里、鸡犬相闻",自古以来便有"天府之国"的美誉。

不过,这个人人向往的"天府",在 3 000 年前却是野生大象的乐园。

事情还得从 2001 年 2 月的一天说起。这天上午,成都西郊苏坡乡金沙村一处建筑工地上,几台大型挖掘机正不知疲倦地挖掘着泥土。按照规划,这一片农田都将纳入城市建设用地,用不了多久,这里将会矗立起高楼大厦。

"看,那是什么?"施工进行得如火如荼时,一名眼尖的工人突然发现泥土中有骨头。大家停下工作仔细一看,原来这些骨头是象牙。

农田下面竟然埋着象牙!工人们觉得十分好奇,大家继续施工,随着越来越多的象牙重现天日,举世震惊的金沙遗址就这样被挖掘出来了。

金沙遗址位于成都平原东南部,是中国进入 21 世纪第一项重大考古发现,它在地下沉睡了 3 000 年之后被发掘出来。遗址所清理出的珍贵文物多达千余件,其中包括象牙器 40 余件,出土象牙总重量近 1 吨,此外还有大量的陶器。

　　考古专家从象牙和其他文物存在的时间推测,认为金沙古蜀王国所在的成都平原,在3 000年前曾是野象、犀牛等典型热带动物的乐园。那时,成都平原可不像今天这样种满了庄稼,而是一个一望无垠的大草原,茂密繁盛的青草和随处可见的森林,为野象提供了丰富的食物。它们在这块乐土上悠哉游哉地生活,幸福地生儿育女。

　　按理说,无忧无虑,生活在"蜜罐"中的野象们,族群应该会越来越大,数量应该会越来越多,可事实恰恰相反,随着岁月的流逝,野象不但没有发展壮大,反而彻底退出了成都平原。

　　这些野象都去了哪里呢? 近年来,随着相关专家的探索和研究,野象失踪之谜慢慢浮出水面。

野象被人类毁灭了?

　　根据金沙遗址挖掘出的大量象牙,有人推测野象们都集体"牺牲"了,而它们的集体牺牲,与人类无休止的贪欲密切相关。

持这种说法的人认为：成都平原不但适合野象生存，而且也是人类的"温床"，随着时间的推移，生活在这里的人口数量越来越多，他们的活动范围也越来越大，于是人与野象的战争不可避免地发生了。一方面，当时的金沙古蜀王国，人们都喜欢用洁白的象牙来祭祀祖先或神灵，这导致人类滥捕滥杀野象，以获得珍贵的象牙。另一方面，因为大象身材高大，力大无穷，人们骑在大象背上作战，往往令敌人闻风丧胆，所以人们争相将捕获到的野象进行驯化，并将其投入到战争中，这导致许多野象成为了战争的牺牲品。

不过，这种说法并不可靠，因为在冷兵器时代，即使人类再怎么滥捕滥杀，也不可能将野象完全消灭。

排除了人为的因素，有人又提出了瘟疫之说。在人类或动物的王国里，瘟疫都是十分可怕的杀手。特别是对喜欢群居的动物来说，当瘟疫袭来时，群体间相互传染，就像骨诺米牌效应一样，一传十、十传百、百传千……因为野象是喜欢群居的动物，平时总喜欢三五成群地扎堆生活，瘟疫很容易在它们之间流传开来。于是有人推测：在大约一千多年前，一场针对野象的大瘟疫在象群中流传开来，无数野象被夺去生命，为了逃避瘟疫，活着的野象不得不逐渐退出成都平原,迁到了其他地方生活。

但瘟疫之说也不能令人信服,因为据科学考察发现,一个地方的瘟疫过去后,只要这个地方的气候环境没有发生大的变化,动物们还是会回来生活的,而且族群也会逐渐恢复壮大。比如在今天的非洲大草原上,虽然时时有瘟疫威胁,但野象们仍生活得十分幸福。

洪水和地震造成的恶果?

人们在分析金沙古蜀王国灭亡的原因时,提出了"洪水灭国"之说。

现在成都平原的年降水雨量在 1 000 毫米左右,年降水日数约 300 天,可以说降雨比较"温柔"。但据考证,几千年前的成都平原,年降水量比现在多得多,而且降水分布很不均匀,盛夏时节这里经常发生暴雨并造成洪涝灾害,特别是特大暴雨袭来时,成都平原经常洪水泛滥。

专家们在清理金沙遗址的古河道时,发现沙砾层里有一些冲碎的陶片和树干,这说明当时确实曾发生过大洪水,并推断古蜀王国是被洪水灭亡的。因此有人认为:由于当时没有都江堰水利工程,一旦盛夏下暴雨,岷江洪水就像野马般奔腾而下,给成都平原带来灾难;洪水在冲毁金沙古蜀王国的同时,野象也难逃非命。

除了暴雨之说,有人还提出了地震灾难说。成都平原向青藏高原过渡的山地,自古以来便是地震频繁发生的地区。2008 年,距离成都平原仅 100 多千米的汶川便发生了举世震惊的里氏 8.0 级大地震,导致山河变迁,带来了巨大伤亡。有人推测:数千年前岷江河谷一带发生了一场特大地震,直接导致许多生活在山林中的野象丧生,同时,地震还造成山体滑坡,阻断岷江形成了巨大的堰塞湖。湖水在积累到足够多时突然崩坝,直接冲向下游,在冲毁金沙古蜀王国的同时,也将野象们彻底吞噬。

不过,无论是洪水说还是地震说,都缺乏足够的说服力,因为成都平原是中国西南地区最大的平原,其面积有 10 多万平方千米,而洪水和地震只是局部自然灾害,不可能将野象们"一网打尽"。

气候变化迫使野象南迁

成都平原野象失踪之谜,成为了困惑专家们的最大难题。

在排除了上述种种推测之后,专家们将研究目光转向了当时的气候。通过分析金沙遗址土壤里植物留下的花粉和种子,专家们得出了距今3 000年前的成都平原古气候:那时,成都平原的平均气温比现在高约3 ℃,最热的时候,月平均气温达到了28.6 ℃;而降雨比现在更为频繁,气候也更为温暖湿润,而且因为处于四川盆地内,平原上的风力一般都较弱——这种高温、高湿、多雨、静风的天气,与现在西双版纳和东南亚的气候十分相似,可以说这种气候正是亚洲野象最适宜的栖息气候。后来,由于成都平原气候发生变化,不再适宜野象生存,它们不得不举家南迁。

那么,成都平原的气候是从什么时候开始变化的呢?

据专家研究,成都平原的气候从西汉便开始发生变化了,到东汉末期,年平均气温已下降到和现在十分接近。随着气温下降,降雨也相应减少,高温高湿气候逐渐退化,使得野象生存十分艰难;再加上都江堰修建起来后,人们在成都平原毁林开荒,开垦了大量农田,没有丰富的青草和树叶供应,野象的领地被迫一再向南方退却。

气候变化之说,可以说揭开了成都平原野象失踪之谜,不过,成都平原的气候为何会发生显著变化,以后这种变化还会不会持续,这些谜底等待着人们去进一步揭开。

天上惊现大怪洞

好端端的,天上突然出现一道奇异景象:松软雪白的云层不知何时分开,一个椭圆形怪洞赫然出现在空中,更离奇的是,洞中竟然折射出一道七色彩虹……这一幕情景犹如美国科幻大片中外星飞船入侵地球时的场景,令人惊异万分。

这个怪异云洞究竟是怎么一回事?难道真有外星人入侵,或是有人正在玩穿越?让我们一起去澳大利亚的吉普斯兰岛探索探索吧。

不可思议的奇特景象

吉普斯兰岛位于澳大利亚维多利亚州的东角,这是一个地貌多样、风光迷人的岛屿,岛上既有大片纯净洁白的海滩,也有宽广的湖泊和陡峻的山岭。此外,吉普斯兰岛中部还是著名的美食之乡,葡萄园、奶酪房、水果园等随处可见,异香扑鼻……美景加美食,吸引了一批又一批的外地人前来观光旅游。

2014 年 11 月 1 日,当地时间下午 1 点左右,数十名外地游客在导游带领下,准备前往海边的小渔村参观。这天的天气起初很好,天空晴朗,万里无云,但临近中午,天上慢慢出现了一层乳白色松软的云,它们像洁白的棉絮铺满天空,把阳光遮得严严实实。

游客们走在路上,好奇地东看看,西瞧瞧,其中一名叫亨利的摄影爱好者习惯性地抬头看了看天空,突然之间,他愣住了。"My god!"亨利大叫一声,抓起相机对着天空一顿猛拍。大伙好奇地抬头向上望,只见头顶上空的云层向四周分开,形成一个椭圆形怪圈,仿佛天空破了一个大洞;云洞的长直径约 300 米,短直径 100 米左右,洞里的蓝天格外清晰,与周边的云层泾渭分明，整个云洞犹如一只巨大的水母，又像是一个硕大无比的脚印。数条毛丝状的云彩横过云洞中部，其中赫然夹杂着一条七色彩虹，看上去似乎正有某种神秘的东西从洞中缓缓下降。

"真是太不可思议了！"大伙一时看呆了。数分钟后，洞中的长条云越来越多，云洞渐渐被填满，洞周边的界限开始模糊，而那条横过云洞的彩虹也慢慢隐身，再后来，云洞与四周的云层完全融为一体，天空又恢复了本来的面目。

外星人入侵征兆？

这天下午，不但外地游客们目睹了云洞奇观，岛上的居民们也享受了这场视觉盛宴，不少人拿起相机或手机，记录下了这难得一见的奇异景象。

那么，这个罕见的云洞是怎么回事呢？对此，岛上的居民和游客们议论纷纷，有人开玩笑地说，这个云洞很可能是外星人入侵的征兆。

美国曾经拍过一部名叫《独立日》的科幻大片,讲述的是外星人入侵地球的故事,其中,外星飞船侵入地球瞬间的场景,就与吉普斯兰岛上空出现的云洞十分相像。

类似的情景,还出现在俄罗斯首都莫斯科上空:2009 年 10 月 7 日,一片闪闪发光的环状云朵飘浮在城市的天空中,看上去像一个诡异而美丽的"光环",令一些现场的目击者们目瞪口呆。事后,有人分析认为这是外星飞船入侵的征兆,而当地媒体也以"神秘 UFO 笼罩莫斯科上空"为标题进行了大肆报道。

不过,迄今为止,谁也没见识过真正的外星人,而外星人入侵地球的事例也仅限于电影和小说中,因此,吉普斯兰云洞与莫斯科"光环"一样,有关外星人"作案"的说法只是一种猜测而已。

有人玩穿越?

经过互联网报道,吉普斯兰出现云洞的消息迅速传遍全球,引起了众多网友的关注。其中,中国四川宜宾市的网友惊呼:"穿越者跑到澳大利亚去了！"

中国四川宜宾市与澳大利亚相隔万里，网友为何发此感慨呢？原来，2014年9月2日下午6点多，宜宾市的上空也出现了令人称奇的一幕：当时空中铺满了灰黑色云层，太阳被严严实实遮挡了起来，然而，在市郊的天空中，云层破了一个大洞，阳光顺着大洞洒向地面，形成了一个巨大的光圈；被阳光照射到的地面景物金光闪闪，煞是好看。当时就有人戏称："出现这种景象，肯定是有人在玩穿越！"

此外，还有人提出了一种看法，即认为云洞的出现有可能预兆着火山、地震等灾难。火山、地震发生前，地底的岩浆或岩石圈会发生改变，从而使得热气冲上天空，将云层"撞"开一个洞口。不过，这种说法并不能使人信服，因为目前并没有观测到火山、地震前有热气上冲的现象，更重要的是，出现云洞的地方都没有发生火山或地震灾难。

云洞的庐山真面目

吉普斯兰出现的云洞究竟是怎么回事呢？

云洞出现的当天，一组有关云洞的照片便传到了国际赏云协会的专家手中。经过专家们仔细辨别，终于揭开了这个怪异云洞的神秘面纱。

原来，这个云洞的学名叫"雨幡洞云"（也称为"穿洞云"），是一种罕见的天气现象，它与莫斯科上空的"光环"、四川宜宾的"穿越洞"一样，都是特殊条件下云层玩的一种"变脸"魔术。

云是由地面上的水汽上升到空中后冷却形成的，天上的云之所以多姿多彩，经常变幻形状，最重要的原因就是云中温度在不停变化。专家指出，云层之所以会"变脸"，是因为云层中的局部地方突然出现了剧烈降温，使得云中的水滴被迅速冷冻而变成了冰晶；因为冰晶比较重，空气的浮力托不住，于是它们便脱离云层表面降落下来，从而使得云层出现破洞；冰晶在下沉过程中，如果太阳光照角度适当，就会折射阳光而形成彩虹（莫斯科光环和宜宾云洞之所以没有彩虹出现,很可能是因为当时太阳光照角度不当)。

不过,"变脸"的那部分云层,为何会突然出现剧烈降温呢?

原来是飞机在作祟

翻开"穿洞云"的历史就会发现,自 20 世纪以来,全球各地的天空云层中屡屡出现它们的踪迹,有时是一些怪异的裂缝,有时是巨大的漏洞。它们令科学家和业余天文爱好者们都感到无比好奇。

后来,科学家研究发现,所谓的"穿洞云"奇观,原来都是飞机在作祟:当飞机从云层中经过时,螺旋桨或机翼周围空气产生的向后作用力会引起空气膨胀,从而出现降温现象,特别是飞机突然加速时,这种空气的膨胀和冷却尤其明显,使得云层局部出现剧烈降温,云中的液态水珠迅速凝结形成冰晶,当冰晶坠落时,"穿洞云"便形成了。

专家指出,吉普斯兰云洞出现前,当地上空应该有飞机经过,正是飞机不经意的加速飞行,从而制造出了奇异的"穿洞云"景观。

"末日天坑"真相

2014 年 7 月,俄罗斯西伯利亚亚马尔半岛突然出现神秘巨洞,深不见底的巨型大坑"可以轻松装下几架米 8 直升机"。这个黑乎乎的大洞,被俄罗斯媒体形容为"末日天坑",并引起了全球地质学家的极大关注。

有人说这个巨坑是陨石撞击形成的,有人说是地下冰块融化形成的,还有人说是甲烷气体爆炸形成的……到底是怎么回事呢,咱们一起到当地去看看吧。

令人恐怖的巨洞

亚马尔半岛位于俄罗斯西西伯利亚平原西北部。西伯利亚是地球上最广袤、人烟最稀少的地区之一,而亚马尔半岛更是十分荒芜,在当地土著人的语言中,"亚马尔"是"土地的尽头"、"天涯海角"之意。这里东临鄂毕湾,西濒喀拉海及拜达拉茨湾,总面积 12.2 万平方千米。

亚马尔半岛地表平坦,最高点海拔仅 90 米。岛上河流、湖泊众多,苔原、草地与灌丛混杂。当地的居民主要是涅涅茨人,他们靠饲养驯鹿和打渔为业,一直过着平静安详、与世无争的生活。然而,这种平静的日子在 2014 年夏天被彻底打破了:7 月 21 日上午,一个当地牧民到草地上放牧驯鹿时,突然发现前方不远处有大堆泥土上翻、堆积的痕迹。他感到十分好奇,走上前一看,顿时倒吸了一口凉气:眼前是一个巨大的洞坑,洞口很宽,呈规则的圆形,洞下面漆黑一团,不知道有多深;一股股阴冷、恐怖的气息不时从洞里飘出来,令人不寒而栗。由于担心驯鹿掉入洞坑,这个牧民赶紧把驯鹿们赶离了这一区域。

亚马尔半岛出现巨型洞坑的消息不胫而走,很快引起了整个俄罗斯乃至全世界的关注，专家和记者迅速乘坐直升机赶赴亚马尔半岛考察。从空中鸟瞰，只见绿色大地上横亘着一个深不见底的黑洞，让人有一种世界末日即将来临的感觉，记者们因此将其称为"末日天坑"。俄罗斯《共青团真理报》的记者在报道中这样描述："天坑如此之大，可以轻松装下几架米8直升机。"

陨石撞击的后果？

"末日天坑"是如何形成的呢？一些人认为，这个巨大洞坑很可能是陨石撞击地面形成的。

陨石是地球以外未燃尽的宇宙流星脱离原有运行轨道或成碎块散落到地球上的物体，它们是石质、铁质或石铁混合物质，也被称为陨星。目前地球上最大的陨石重约60吨，是1920年在非洲纳米比亚北部一个农场发现的，当时这颗陨石把地面砸出了一个大坑。西伯利亚地区是陨石经常光顾的"是非之地"，2013年2月15日，一颗陨石坠落在西伯利亚车里雅宾斯克州，并引发爆炸，造成1200多人受伤。持陨石撞击观点的人们认为，亚马尔半岛出现的"末日天坑"很可能便是陨石撞击形成的：在巨大的撞击下，松软的地面形成一个巨洞，而陨石则直接钻到了地底深处。

不过，陨石撞击说显然站不住脚，因为从洞坑边缘的形状来看，并没有撞击的痕迹，而且即使是陨石撞击，也不可能直接在地面开出一个几乎垂直的桶状坑洞。

除了陨石撞击说，还有一说法更加奇特，有人认为这个巨洞坑是外星人挖出来的,他们的目的把这个洞当作飞船基地。但谁都没有见过外星人,而且他们似乎也没必要刻意挖这么深、这么大的洞来藏匿飞船。

冰丘融化形成巨洞?

"末日天坑"发现后没几天,俄罗斯科学家便对巨洞进行了首次探索。

由于巨洞漆黑恐怖,加上洞穴结构十分脆弱,科学家们无法下到洞穴里去考察,他们将摄像头探入洞里进行拍摄,并用特殊设备采集洞内土壤、空气以及水源样本,准备回去后研究。

借助摄影设备,科学家们终于揭开了巨洞的"庐山真面目":这个巨洞并非想象中的深不可测,其深底只有约 70 米;洞底是一个冰湖,水正向下侵蚀永久冻土墙。经过测量,他们还发现巨洞的直径只有 30 米,并没有空中估计的 100 米那样大。

根据考察的结果,有科学家认为,巨洞有可能是地下"冰丘"融化造成的。

"冰丘"指冰原上由冰构成的山丘,它是土中水分冻结所造成的地表局部隆起现象。科学家认为,西伯利亚地区气候寒冷,而地处西北部的亚马尔半岛更是十分严寒(这里冬季长达 8 个月),在严寒天气下,浅层的地下水冻结膨胀,使地面被拱起而形成土包;当夏季来临,地下水重新解冻后,土包失去支撑轰然坍塌,所以形成了巨洞。

但这一说法随后便被推翻,因为从洞口堆积的泥土来看,这些泥土显然是从洞中翻上来的,如果是坍塌,那泥土应该全部掉进了洞中。

天然气大爆炸?

推翻了冰丘融化之说后,科学家们进一步对巨洞作全面考察。他们发现,整个巨洞的洞壁都十分光滑,而且呈灰黑色,似乎被焚烧过。

难道巨洞形成时,洞中曾经发生过大火?根据这一现象,有科学家推测:巨洞很可能是地下天然气爆炸造成的。

20 世纪 70 年代末,人们在亚马尔半岛发现了丰富的天然气资源,特别是其西海岸埋藏有大型天然气田。多年来,这些天然气在地底下相安无事,

但近年来,随着全球气候变暖,亚马尔半岛的气温也在跟着上升。温度上升导致浅层天然气膨胀,使得地下的压力越来越大,当这个压力冲破地表的阻挡后,就会形成猛烈爆炸,这也是为何巨坑周围泥土外翻且有被烧过痕迹的原因。

从洞口及洞中采集的土壤、空气和水标本进行分析后,也从另一个侧面印证了内部气体膨胀爆炸的假说。

不过,天然气爆炸形成的巨洞为何如此规则?还有,洞口周边为何没有多少爆炸痕迹?就在科学家们考察"末日天坑"后没多久,当地牧民又发现了两个类似的神秘天坑:一个位于亚马尔半岛北部,洞口直径15米;另一个位于泰米尔半岛,直径4米。这两个天坑的出现,使得"末日天坑"更加扑朔迷离,其真相究竟如何,目前谁也不敢下结论。

"天空之镜"照天地

镜子对每个人来说都不陌生,不过,世界上最大的镜子在哪里,这个问题恐怕没几个人能答得上来。

如果你也不知道,那就去一趟南美洲吧,那里有一面面积达 9 065 平方千米的大镜子——"天空之镜",看到它,你一定会被大自然的造化彻底征服。

无边无际的"大镜子"

这面神奇的"大镜子"位于南美洲玻利维亚的阿尔蒂普拉诺高原上。这是一片宽广无垠的高原,海拔高度在 3 600 米左右,"天空之镜"就铺展在这片辽阔的高原上,它的长度为 150 千米,宽度为 130 千米,整个"镜面"面积达 9 065 平方千米。从空中鸟瞰,这块"镜子"无边无际,肉眼根本无法看到它的尽头。

欣赏"天空之镜"的最佳时间是 10 月。对南半球来说,10 月正是当地的夏季。因为冬季这里降雨较多,大量的雨水从天空倾泻而下形成一个浅湖,将"镜子"遮盖了起来,而在夏季火辣辣的阳光炙烤下,湖水蒸发,"镜子"又重见天日。

好啦,下面可以去实地感受"天空之镜"的魅力了。还没出发,天上黑云一遮,突然"噼哩啪啦"下起了豆粒大的雨滴。老天真给力呀,因为雨后的"天空之镜"更美更靓。果然,一阵骤雨过后,天空重又放晴,火辣辣的阳光照耀着大地,如果乘坐一辆汽车驶进"天空之镜",你一定会被美得窒息的景象深深吸引:地上覆盖着一层浅水,"镜面"更显得平整白洁,光可鉴人,汽车仿佛行驶在白玉上面;艳阳丽日、蓝天白云倒映在"镜面"上,云与云相连,天与地相接,分不清哪是天,哪是地……站在"镜面"上,天空就在你脚下,看上去深若万丈，令你每走一步都心惊胆颤，同时，一种羽化成仙的感觉氤氲在心间，令你情不自禁地舞之蹈之。

黄昏和早晨，"天空之镜"又是另一番美丽景象：红艳艳的"火烧云"（即晚霞或早霞）映红天空，它们倒映在"镜面"上，使得天地间一片彤红，置身其间，你仿佛进入了一个魔幻世界，此时最想做的事情，就是赶紧拿起相机一阵狂拍。

"镜面"上打高尔夫球

"天空之镜"不但是一块观赏风景的宝地，而且还是运动爱好者的天堂，来到这里，有两项运动值得你体验一番。

瞧，那边有人高高挥起球杆正准备击球，他们是在打高尔夫吗？没错，打高尔夫球是这里最受欢迎的一项运动。因为"镜面"平坦开阔，视野极佳，高尔夫球也可以自由飞翔。不过，与普通高尔夫球场不同的是，在这里你必须使用彩色高尔夫球，因为使用一般的球，掉在白白亮亮的地面上就找不见了。此外，在这里打高尔夫球你还得悠着点，因为地面比较光滑，稍不注意，

你可能就会摔个屁股礅儿。

除了打高尔夫球,热气球飞行也是这里最受欢迎的运动项目之一。"天空之镜"地势平坦,大多数时间天气条件良好,十分利于热气球飞行,因此这里成了热气球爱好者"秀"飞行技术的绝佳场所。如果你也想体验"飞"一般的感觉,那就赶紧坐上热气球吊筐吧。在冉冉升起的吊筐里,一边操纵气球飞行方向,一边欣赏下面如梦似幻的美景,那种感觉真是棒极了。

"天空之镜"成因

"天空之镜"真的是一面大镜子吗?当然不是,那些洁白光滑的镜面其实是盐沼。盐沼一般是指地表过湿或季节性积水、土壤盐渍化并长有盐生植物的地段。说穿了,"天空之镜"就是一块巨大的盐沼地,因为盐沼在雨后积水,会变得像镜子一样光亮,它反射着美得令人窒息的天空景色,因此被人们称为"天空之镜",事实上,它叫乌尤尼盐沼。在冬季,乌尤尼盐沼被雨水形成的浅湖所覆盖,所以它"养在深闺人未识",而夏季湖水干涸后,湖面上留下一层以盐为主的白色硬壳,中部厚达 6 米,人们可以驾车驶过湖面。

那么,乌尤尼盐沼是如何形成的呢?当地流传着一个传说:女神乌尤尼爱上了太阳神,为了取悦心上人,她每天都要对着镜子梳妆。不过,太阳神并不喜欢女神,这让乌尤尼十分伤心。有一天,乌尤尼一边对镜梳妆,一边默默流泪,大颗大颗的泪水滴落在镜面上,竟将镜子碰掉了。镜子从天上落下来,掉在了阿尔蒂普拉诺高原上,化成了乌尤尼盐沼。

据科学家考察分析,乌尤尼盐沼其实是沧海桑田变迁的结果:远古时代,阿尔蒂普拉诺高原曾是海洋的一部分,后来经过多次剧烈地壳运动,海底逐渐抬升隆起并露出海面,形成了高大的安第斯山脉,而地势较低的地方则形成了许多咸水湖,这其中就包括一个叫明钦湖的巨湖。由于气候干燥,湖水蒸发量很大,历经数万年的演变,明钦湖的湖水逐渐干涸,最后形成了一块月牙形状的盐沼地,这就是乌尤尼盐沼。

乌尤尼盐沼虽然很美丽,但如果没有向导陪同贸然深入,你可能会面临很大的危险。

最大的危险当然是迷路。因为乌尤尼盐沼面积广阔,无边无际,而且所到之处除了像镜面一样白洁光滑的地面,你很难看到其他景物(这里除了一些仙人掌外,没有其他植物生长)。如果没有向导陪同深入其中,你很快就会找不到回来的路。而在盐沼中迷路是相当危险的,因为在火辣辣的阳光照射下,人体很快就会脱水,再加上这里是高原地区,海拔高,氧气含量少,弄不好还会有生命危险。

　　乌尤尼盐沼还有一个特点,那就是这里的阳光很强烈,而洁白光滑的"镜面"反射阳光,使得到处雪白耀眼,因此到这里旅游,你必须得准备一副墨镜。此外,高原地区气候干燥,昼夜温差极大,你还得多带点保暖的衣服,并注意多喝水,千万不要感冒了。

大海有只"蓝眼睛"

大海也长有眼睛,你相信吗?

如果不信,那就乘坐飞机,沿着地球海岸线走上一遭吧。在一些近海的洋面上,你会发现一方圆形水域突然出现在眼前。从空中鸟瞰,这方圆形水域显得十分深邃,散发着神秘、诡异的气息,看上去特像大海的瞳孔。

因为这方水域呈现深蓝色,与周围的海水颜色明显迥异,因此被称为"蓝洞",它还是世界七大奇景之一。

美轮美奂的"蓝眼睛"

全世界海洋中,分布着许多大小不同、形态各异的蓝洞,其中最著名的"蓝眼睛",位于中美洲伯利兹首都东面 100 千米左右的海面上。

来到了伯利兹的海面上,从空中观察,你会看到在蔚蓝色的海面上,散落着星罗棋布的珊瑚暗礁,暗礁周围的海水较浅,因此那里的海水颜色呈白色或灰白色。在靠近海岸的地方,有两条暗礁围起来的奇怪水域:水域呈标准的圆形,它的直径超过了305 米,像一只睁得溜圆的巨大瞳孔;里面的海水蓝得发黑,与四周蔚蓝、白色或灰白色的海水泾渭分明。这只"蓝眼睛"并不是完全封闭的,它有两个缺口与外面的海域相连,运气好的时候,你还会看到游艇正从里面驶出来,激起一长串白色的浪花,看上去仿佛"蓝眼睛"正在滴落的眼泪。

"蓝眼睛"神秘莫测

你可能会感到好奇："蓝眼睛"里到底隐藏着什么秘密呢？

这个问题，远在古罗马时代就有人提出了。那时的人们，看到大海上发着蓝光的洞穴，感到十分好奇，于是有不怕死的勇士跑到里面去探险，结果，一些人永远都没能再回来，于是，一传十，十传百，百传千……最后，大家都认为蓝洞是当代巫婆修身养气、训练魔力的基地。因为它是如此可怕，所以再也没人敢到里面去探险，于是千百年来，蓝洞始终覆盖着神秘的面纱，它的真实面貌也一直不为外人所知。

即使在现代，一些蓝洞仍然显得神秘莫测。在中国西沙群岛晋卿岛东北侧的礁盘上，有一个被渔民称为"龙洞"的地方，那是一个无底深渊，深不可测，而且传闻洞中有巨大的动物，当地渔民对这个地方从不敢靠近。20 世纪 70 年代，解放军一支测绘部队听说后，非常好奇，他们说服渔民乘小船来到这个地方,只见在礁盘绿色浅海中,有一片半径 200 米大的墨蓝色海水,看上去阴森森的,十分恐怖。大家抑制着紧张划到洞上准备测深度,士兵用绳子挂上测深锤放下水去,结果二百米绳子放完了也未到底……这时起了风,舢板剧烈摇动,为了安全起见,大家只好撤了回来。之后由于忙于其他任务,再也没去测那个洞。"龙洞"的秘密没有解开,连深度也不知道。

"蓝眼睛"内游一遭

"蓝眼睛"真的有那么恐怖吗? 其实不然,你可以穿上潜水服,跟着潜水员一起潜入蓝洞中去探索一番。

过去,潜水员潜入海洋蓝洞进行勘测时,发现里面严重缺氧,他们在海洋蓝洞底部还发现过许多远古化石残骸。科学家由此认为:正是由于蓝洞内缺氧,因此使得古代探险者大多溺毙在洞内,有去无回,再加上里面很少有海洋生物存在,从而使蓝洞蒙上了一层神秘恐怖的色彩。

不过,海洋生物虽不能在蓝洞里生存,但并不代表它们不能在里面游动。与人类一样,一些强大的海洋生物,如鲨鱼就特别喜欢到蓝洞内"探险",它们成群结队地在洞内游逛,虽然没有什么食物可以捕捉,但这些家伙仍然乐此不疲。你若到蓝洞内潜水,首先要过的是鲨鱼关,虽然这些家伙名声较好,至今还没有攻击潜水员的劣迹,但一群群的鲨鱼在你身边钻来绕去,还是不能不令你感到万分紧张。过了鲨鱼关,继续下潜,你会发现这个深达120多米的海下洞穴黑暗森幽,如地狱般令人恐惧。潜入洞穴之中,你就会明白蓝洞内的海水为何与周边海水颜色不一致:因为这里太幽深了!

躲在深闺的陆地蓝洞

除了大海有眼睛,陆地上也有眼睛哩,陆地上的眼睛被称为"陆地蓝洞"。

与伯利兹蓝洞的高调"亮相"相比,陆地蓝洞比较娇羞,它们大多躲在"深闺"之中,你只有身临其境,才能看到它们的庐山真面目,如意大利卡普里岛的蓝洞就是其中一个代表。这个蓝洞的洞口在悬崖下面,要同时具备三个条件才能一睹它的"芳容":一要天气晴朗;二要在退潮的时候去;三要没有风浪。由于洞口很小,你只能乘坐一只小船,慢悠悠地划进去。一进洞,你便会被眼前的情景震撼:一大片阳光从特殊结构的洞口射进洞内,同时又从水底反射上来,使得洞内的海水一片晶蓝,甚至连洞中的岩石也变成了晶莹的蓝色,其情其景壮观而又神秘。

还有的蓝洞是隐藏在海面下的,在美国塞班岛就有一个这样的"地下眼睛",你如果潜入水底,就能看到一个圆圆的"眼睛"。这是一个由珊瑚礁形成的石灰岩圆洞,它的水深有17米,最深处达到47米,由于洞底有3个水道与太平洋相连,因此海水从水道中涌来后,将深洞灌满,再加上光线从外海透过水道打进洞里,洞中的水池便透出淡蓝色的光泽,看上去显得美轮美奂。

"蓝眼睛"形成真相

　　蓝洞是如何形成的呢？以伯利兹海面上的蓝洞为例,科学家告诉我们,蓝洞的形成可以追溯到亿万年前:大约 1.3 亿年前,蓝洞所在的巴哈马群岛上形成了石灰质平台,当时这一平台完全被海水淹没在海下;经过漫长的岁月,时间的车轮转到了 200 万年前,这时地球迎来了冰河时代,极端寒冷的气候,将地球上的水大量冻结起来,导致海平面大幅下降,石灰质平台也因此露出水面;在降水和地面海水的轮番侵蚀下,石灰质平台上形成了许多岩溶空洞,而蓝洞所在位置,便是一个巨大的岩洞,因为重力和地震等原因,岩洞多孔疏松的石灰质穹顶坍塌了,而且很巧合地坍塌出一个近乎完美的圆形开口,成为敞开的竖井,再后来,冰雪消融、海平面升高后,海水倒灌入竖井,便形成了海中嵌湖的奇特蓝洞现象。

　　至于蓝洞缺氧的原因,科学家指出,这可能是洞内缺少水循环,导致里面的水成为"　洞死水",所以水中含氧量偏低,无法支持生命生存,海洋生物也就无法在里面生存了。

撒哈拉的"巨眼"

非洲的撒哈拉,是一片可以将整个美国装进去的大沙漠。在这片荒无人烟的荒漠里,隐藏着许多人类未知的秘密。其中,被称为撒哈拉"眼睛"的一处圆形地貌,更是充满了许多神秘和诡异的色彩。

这处圆形地貌是如何形成的? 它为什么被称为撒哈拉的"眼睛"呢?

地球上最大的沙漠

撒哈拉大沙漠是世界上最大的沙漠。它东西长约4 800千米,南北宽1 300~1 900千米,总面积约906万平方千米,几乎占满整个非洲北部,占全洲面积的25%。

人们在撒哈拉地区发掘出大量的古文物,根据这些文物推测,在距今约1万年至4 000年前,撒哈拉并不是沙漠,而是大草原,至少,它应该是一块草木茂盛的绿洲。在这块美丽的沃土上,有许多部落或民族生活,他们创造了高度发达的文明。

可是沧海桑田,时过境迁,自公元前3000年起,撒哈拉除了尼罗河谷和分散在沙漠中寥若晨星的绿洲,已经几乎没有大面积的植被存在了。今天的撒哈拉沙海茫茫,气候条件极其恶劣,是世界上最大和自然条件最为严酷的沙漠,也是地球上最不适合生物生长的地方之一,阿拉伯语中"撒哈拉"即是"大荒漠"的意思。

这片广阔无垠的沙海,至今仍有很多地方无人涉足,它里面隐藏着许多不为人知的秘密。

神秘的撒哈拉之眼

20 世纪 60 年代初,美国一艘宇宙飞船在太空遨游,当飞船经过非洲上空时,宇航员观察到了一个奇怪的现象:在撒哈拉大沙漠西南部,有一个圆形的东西,它像一只睁得圆溜溜的眼睛,紧紧地盯视着太空中的人们。撒哈拉大沙漠从眼前消逝后,宇航员仍感到那只"眼睛"紧紧盯着后背,令他们有一种芒刺在背的感觉。

这只"眼睛",就是被人们称为撒哈拉之眼的奇异地貌。其实,很早以前,它就已经出现在撒哈拉西南部,并在荒凉、枯寂的沙漠里沉睡了若干年。如果不是宇航员在太空"唤醒"了它,它还可能长期沉睡下去。

好了,咱们现在就去看看那只巨大的"眼睛"吧。它位于撒哈拉西南部的毛里塔尼亚境内。其实,这是一组出现在沙漠地面上的巨大同心圆。它的海拔高度在 400 米左右,过去,这里荒无人烟,即使有人偶然来到这里,也会"不识庐山真面目,只缘身在此山中"。因为这组"同心圆"直径有 50 千米左右,置身其中,你根本不知道它是圆是方。只有太空中的宇航员,或者天上的人造卫星才能一览它的全貌。这组"同心圆"实在太像一只眼睛了。从卫星拍摄的照片来看,它一共分为三层,最中心的一个圆圈,很像一只眼瞳,它的一侧边缘稍有破损,但并不妨碍它的美观。这只"眼瞳"的外围,是一个更大一些的圆圈,它把中心的圆圈紧紧包围起来,无可争议地成为了"眼球"。最外围的那个大圈,当然便是"眼睑"了,更绝的是,这个大圈的外沿有丝丝缕缕的环状物,它们仿佛是这只"眼睛"的睫毛。

撒哈拉之眼的内部十分平坦，四周则是一些浅山丘，再远处，便是漫漫黄沙了。站在"眼睛"边上观察，撒哈拉之眼犹如山岩雕琢而成的大盆，又像一个巨大的碟子。人走在边上，宛如一只在巨大的蓝色圆盘上行走的小蚂蚁。

撒哈拉之眼成因猜想

自从撒哈拉之眼被宇航员发现后，到这里考察的人们络绎不绝，科学家们都试图揭开这个神秘地貌的成因。

最初，科学家们认为这是一个由陨石撞击形成的陨石坑。因为在撒哈拉大沙漠里，有人曾经发现过一个宽达45米，最深处距离地面16米的巨大陨石坑。据估测，撞击地球的陨石重5 000~10 000千克，坠落的速度超过了每秒3.5千米。撒哈拉之眼虽然深度较浅，但在地面上的痕迹十分明显，科学家分析，直径达50千米的"圆圈"，只有天外来客——陨石才能做到；这块陨石在撞击地球时，表面最大的一方先接触地面，因此形成的坑直径很大，而坑却并不深。

不过，科学家们在进一步考察时发现，陨石坑之说并不成立，因为"圆圈"的中心地势太平坦了,而且地面上并没有高温和撞击过的地质证据。

撒哈拉之眼到底是什么原因形成的呢?众说纷纭,有人说是外星人造访地球留下的痕迹,有人说是某个超级大国秘密进行核试验爆炸后的产物,更有人说这是上帝之手的杰作。

后来,地质学家通过大量勘探后,认为这是地形抬升与侵蚀作用同时进行造成的结果:沙漠下的岩石受到抬升,从沙土中脱颖而出;露出地面后,它们在风吹、日晒、雨淋的侵蚀下,逐渐形成了一个巨大的凹地;而结构的同心圆状痕迹则是一些硬度较高、不易受侵蚀的古生代石英岩,于是这个奇异的地貌便出现了。

不过,这只"眼睛"为何这么大、这么圆?还有,古生代石英岩为何独独出现在同心圆的圆弧上?这些谜底,目前尚未有合理的解释。

跑到大漠去"冲浪"

什么,沙漠里能冲浪?这不是天方夜谭吧?

一般来说,只有海洋里才会出现巨浪,可是在澳大利亚西部的一处沙漠里,也有滔天巨浪出现,不少人万里迢迢赶到那里,就为了体验一把冲浪的感觉。

这是真的吗?如果不信,那就赶紧去澳大利亚看一看吧。

不可思议的沙漠"巨浪"

这个奇妙的地方,位于澳大利亚西部的海登城附近。海登城是一个不大不小的城镇,这里也是明显的气候分界线:往东气候相对湿润,可以种植稻

谷等庄稼,而往西则气候异常干燥,大漠漫漫,可以说是荒无人烟的地方。

好了,现在咱们就朝这个荒漠进发吧。一路上,触目处不是岩石,就是沙粒,只有一些不怕旱的植物挺立在路边。这里的岩石"长相"奇特,大小各异,既有体形庞大、像楼房般矗立的巨石,也有瘦骨嶙峋、小如拳头的卵石,它们全都被风吹蚀得十分光滑,摸上去感觉很爽。石头们的颜色也有些独特,平时我们看到的石头不是黑色就是灰色,而这里的石头都偏爱"红装":有的呈鲜红色,有的呈紫红色,有的呈棕红色……由于表面光滑,石头们还能反射光线,在太阳光照射下,闪闪发光,令人为之惊艳。

在一片红色围裹之中继续向前行走,走着走着,当你不经意向远处眺望时,一幕不可思议的景象映入眼帘:前面出现了一排巨浪,它似乎正以雷霆万钧之势涌来。不好啦,快跑! 奇怪的是,你既看不到一滴水,也听不到海浪咆哮的声音。小心翼翼地向巨浪靠近,距离越近,它显得越高大,气势越惊人,这时你心里可能会有些担心:巨浪会不会把自己吞噬呢? 不过仔细观察,你很快就会发现巨浪是静止不动的,再仔细一看,好家伙,原来这是一堵巨大无比的石壁。

这座石壁就是我们所说的沙漠巨浪,它是一块倒立的巨型怪石,因为形状和颜色像极了海里的巨浪,所以人们给它取名为波浪岩。

波浪岩下冲冲浪

波浪岩是由一块完整的岩石构成,它的大部分"身躯"都埋在地底下,露出地面的部分仅仅占地几公顷,"浪潮"的部分岩石高约15米,长约110米。

置身波浪岩之下,你不能不感叹大自然的鬼斧神工:巨大的岩顶前倾并凌空突出,而岩体中部则向内凹了进去,使得整个岩体极像席卷而来的一排巨浪。而更绝的是岩体的颜色和条纹:一条条黑色、红色、灰色、黄色等多种颜色混杂的条纹布满石壁,形状极像波浪,上面的条纹颜色深,越往下颜色越浅,使岩体看上去与海中巨浪别无二致……仔细端详眼前这块石壁,仿佛是站在大海边,看一排滔天巨浪席卷而来,那种磅礴的气势十分震撼。

现在你应该知道沙漠冲浪是怎么回事了吧? 没错,在这里冲浪,其实只是摆摆姿势而已:站在岩壁内凹的地方,半蹲下身子,张开双臂,两眼平视前方——从远处看上去,真的像是在波峰浪谷间腾挪冲刺。为一睹波浪岩奇特壮观的景象,每年都有大批外地游客慕名而来,大家在波浪岩下摆出各种冲浪姿势,乐此不疲地享受这别具风味的大自然馈赠。

除了感受"冲浪",摄影爱好者在这里还会大呼过瘾。波浪岩身上的那些条纹颜色,会随着不同阳光照射而发生显著变化:早晨的阳光较弱,岩体条纹主要以黑色为主,这时波浪岩就像一堵黑乎乎的城墙;午后阳光炽烈,在如火的太阳炙烤下,石壁上的红色、黄色、紫色等尽情绽放,"巨浪"瞬间变得栩栩如生;傍晚,一抹金黄色的夕阳余晖洒在岩壁顶上,"浪尖"金光闪闪,煞是好看。

波浪岩的传说

波浪岩的形成,当地有一个传说:远古时代,海登城一带的气候并不干旱,每年都会降下大量雨水,植物也生长得郁郁葱葱。人们在这里安居乐业,过着幸福美满的生活。然而好景不长,为了种植更多的稻谷,人们毁林开荒,将大片大片的森林砍倒,连树根也刨得一干二净。渐渐地,原来郁郁葱葱的景象不见了,气候逐渐变得干旱起来。这年冬天,当地连续刮了三天三夜大风,随风而来一个可怕妖怪,它就是令人闻风丧胆的沙漠恶魔。沙魔一到来,当地变得更加干旱,整年整月滴雨不下。它还时常掀起大风,将千里之外的石头和沙子搬到海登城附近,准备随时将整个城镇吞噬。沙魔的行为激怒了海神,为了拯救海登城的人们,海神携带一排巨浪匆匆赶来,在山神的暗中帮助下与沙魔展开激战。沙魔被打败后,逃到深深的沙地下躲藏了起来。为了防止它再度出来害人,海神将那排巨浪留在了沙地上,天长日久,巨浪变成了岩石,将沙魔永远镇在了地下。

沙漠"巨浪"成因

传说归传说，其实，波浪岩的形成完全是大自然鬼斧神工雕琢的结果。

据科学考察，海登城所在的澳大利亚西部高原底部全是花岗岩，这些岩石的"年龄"高达20亿年以上。而波浪岩在那时是一块深埋于地下的大岩石，只有一小部分露出地面。它之所以被"抬"出地面并雕琢成巨浪的形状，三个"雕刻大师"可谓功不可没。

第一个"雕刻大师"是阳光。白天，在炙热的太阳光照射下，花岗岩露出地面的表层温度迅速升高，并缓慢向内部传递热量。由于花岗岩实在太大了，所以当温度传到内部，岩石开始受热膨胀时，黑夜已经降临，岩石外表因降温而出现收缩现象。这样内部要膨胀、外部要收缩，岩石的内外开始"掐架"，"打不赢"的表层被剥蚀掉，于是花岗岩平直的"浪顶"便形成了。

第二个"雕刻大师"是水。天上的雨降下来后，在地面流动的过程中，溶解了许多化合物，这些含有各种化学成分的水，沿着花岗岩与地面间的缝隙慢慢渗进去。"化学水"与岩石发生反应后，将岩石的中部慢慢侵蚀并使之松化——"巨浪"的雏形开始显现。

第三个"雕刻大师"是风。若干年之后，由于洪水暴发等原因，岩石周围的土壤被冲刷掉，被侵蚀的岩石中部逐渐露出地面。这时，强劲的风登场了，它挟带沙粒和尘土，一刻不停地"精雕细刻"，将岩石松化的中部慢慢"挖"去，只留下了蜷曲状的顶部——至此，壮观的"巨浪"形成了。

而岩体表面上的那些彩色条纹，则是拜天上的雨水所赐：雨水先是落到地面上，溶解了部分含碳和氢的矿物质，然后从岩面上冲刷下来，与岩石发生化学反应；不同的化学反应，"冲刷"出的条纹颜色各不相同，因而条纹呈现出黑色、灰色、红色、咖啡色和土黄色等。这些深浅不同的线条使波浪岩看起来更加生动，就像滚滚而来的海浪。

061

绿毛球的奇幻漂流

金黄色的沙滩上，突然惊现数千个毛茸茸的绿色球体，如繁星般点缀其上，这些"不速之客"像一个个圆蛋，显得神秘莫测。有人说它们是海洋生物拉下的便便，有人说它们是魔鬼制造的产物，甚至有人说它们是"外星人产下的蛋"。

这些"星星之蛋"来自何方？它们到底是什么物质呢？

海滩上的惊人发现

绿毛球的发现地，是位于澳大利亚东南部的悉尼海滩。

悉尼是大洋洲的第一大城市，由于濒临海边，这里蓝天白云，碧波荡漾，景色旖旎，特别是一处处金黄色的海滩，更是充满了独特诱人的魅力。迪怀海滩是悉尼众多海滩中最为热闹的一处，这里是游泳和冲浪的绝佳之地，每年都有成千上万的游客来到这里度假。

2014年9月的一天，海滩冲浪救生俱乐部巡逻员侯斯顿清早起来后，像往常一样到海滩上散步。此时天刚朦朦亮，海滩上空无一人，侯斯顿沿着海边一路向前行走。突然，前面的沙滩上出现了一片绿色，仿佛沙土上长出了植物。"咦，这是怎么回事？"侯斯顿心里咯噔一下，她加快脚步走上前一看，原来，这片绿色由一个个绿色圆球构成，圆球们毛茸茸的，大的直径有近10厘米，而小的也有几厘米。在黎明的晨曦映照下，这些绿色小圆球看上去显得神秘而诡异。刚开始，由于担心这些圆球会刺人，侯斯顿并不打算触碰它们，后来，在强烈的好奇心驱使下，她伸出手指，小心翼翼地用手指戳了戳最近的一个圆球，她发现它并不刺人，而是黏糊糊的，感觉有点像海绵。

在这片海滩的另一个地方，一位名叫珍妮·张的当地华裔居民也发现了这些神秘的绿球。珍妮·张居住在海边，她每天都要到海滩上去散步。3天前，她在海滩上看见了一些像鸡蛋般大小的小绿球，由于小绿球数量很少，而且个头也不大，她当时并没有在意，但3天后的早晨，当她再次看到这些绿球时，发现这些绿球已经长得像小排球那么大，而且整个沙滩都堆得满满的。

外星人产下的蛋？

侯斯顿和珍妮·张的发现很快引起了轰动，附近的居民和外地游客竞相来到迪怀海滩，好奇地打量起这些毛茸茸的绿色圆球。这些圆球很可爱，它们置身于沙滩上，给荒芜的海滩增添了勃勃生机，有人甚至把它们当做足球，在海滩上踢起了球赛。

可是，这些绿色圆球来自何处，它们又是什么物质呢？有人猜测，这些毛茸茸的东西可能是海洋生物"遗留"下来的。他们认为，海洋中生活着一些两栖类生物，这些大家伙既能在大海里生活，也能爬到陆地上"逍遥"，这些绿球很可能便是它们在海滩上玩耍后拉下的粪便。

还有一种说法较为离奇，有人认为这些绿球是外星人产下的蛋：外星人觉得迪怀海滩风景优美，气候宜人，很适合生儿育女，于是产下了一堆堆绿蛋。尽管谁都没有见过外星人，也不知道他们是不是以蛋繁殖后代，但"外星人下蛋"的说法不胫而走。有人甚至相信：假以时日，这些"星星之蛋"会孵化小外星人来。

原来是绿藻球

通过媒体报道，绿毛球们很快引起了全球关注，一些生物学家专程赶到悉尼一探究竟。

经过专家们仔细勘察，绿毛球的神秘面纱很快被揭开：原来，这些绿球是一种非常罕见的海藻——绿球藻。

绿球藻是世界上唯一的一种球形绿藻，它生长在北半球，从其生长的环境来看，它其实是一种淡水藻类。1843年，有专家在澳大利亚的一些湖泊中首次发现了这种球状绿藻。

绿球藻要成长为圆形，必须经过较长的生长周期。刚出生的绿球藻非常细小（1岁的绿球藻直径只有0.3毫米），但它们会以每年5毫米的速度成长,如果在二氧化碳、肥料、光亮度及矿物质都足够且适量的情况下,绿球藻成长的速度会更快。至今为止世界上发现的最大绿球藻直径为30厘米,看上去十分壮观。

绿藻球的奇幻漂流

让专家们感到惊讶的是,这些绿球藻竟然还是活的。澳大利亚生物学家普尔教授说:"它们是有趣的生物。我也看过类似状况——死去的海草有时候能卷成一团,像水下风滚草一样,但这些绿色球体是有生命的。"

那么,这些有生命的绿色球体是如何来到迪怀海滩的呢?专家分析认为,绿藻球的奇幻漂流首先得益于当地的气候环境:从2013年12月至2014年8月的9个月中,当地的晴天日数达到了150天,也就是说,每个月平均有17天左右的晴天——充足的光照和适宜的温度,再加上一些湖泊的水质富营养化,使得湖中的绿藻球快速生长,这为它们的漂流奠定了基础。

其次,当地8月频繁出现的降雨天气,为绿藻球的奇幻漂流提供了条件。据统计,当地8月的降雨日数达到了16天,特别是8月中旬开始,当地频繁出现小到中雨天气。这些降雨使得湖泊水位上升,江河涨水,湖中的绿藻球随水流进入河中,最后被冲到了大海里。在风浪的裹挟下,它们最终被带到了海滩上。

可以说,气候是造成迪怀海滩出现绿藻球的始作俑者,正如澳大利亚一位名叫米拉尔的专家所说:适合的气候因素把这些绿藻球带到海滩上,但由于不是每年春天都会看到这种景象(当地的9月为春季),因而引起了人们的好奇和猜测。

065

来自天堂的河流

天堂什么样？相信谁都没有见过，也不可能去见，不过，来自天堂的河流倒是可以去见识一下。

这是真的吗？你若不信，那就向南美洲的哥伦比亚进发吧。

赶着马车去看河

哥伦比亚位于南美洲西北部，北临加勒比海，西濒太平洋，是南美洲唯一拥有北太平洋海岸线和加勒比海海岸线的国家。这里河流众多，水量充沛，每一条河流都显得旖旎多姿，不过，其中最美丽的河流，莫过于那条"来自天堂的河流"——卡诺－克里斯塔勒斯河。

闲话少说，赶紧向哥伦比亚梅塔省的马卡莱纳山国家公园出发吧。这个国家公园位于安第斯山脉东部，如果驾车前往，从东向西驶过平坦宽阔的平原大道后，地势逐渐增高，你会发现前面的行程变得艰难起来，特别是快要抵达马卡莱纳山国家公园的时候，道路崎岖难行。到了某个地方，汽车无法往前开了，只能换乘当地人的马车。

卡诺－克里斯塔勒斯河的位置十分偏僻，只有坐马车才能到

达那里。这种马拉的车只有两个车轮,车身大多用木头做成,看上去非常简陋,不过,坐上去的感觉特奇特:车在山路上一摇一摆慢慢前行,感觉像坐花轿般悠然自得;放眼四周,大山巍峨,峡谷高深,白云朵朵,晴空湛蓝,令人心旷神怡。

一段赏心悦目后,目的地到了。走下马车,只见前面横旦着一条小河,河水流量不大,许多地方甚至露出了干涸的河床,不过仔细察看,河水的颜色会让你大吃一惊:天啊!地球上竟然有如此五彩缤纷的河流!

彩虹般美丽的河流

眼前的这条河就像彩虹般奇特瑰丽,它也被称为"彩虹河"、"五色河",当然,它还有一个更牛的名称:来自天堂的河流。

先来看看河的颜色吧。这条河之所以被称为"五色河",是因为河中确确实实存在着五种颜色:红色、黄色、绿色、蓝色和黑色。走近观看,你会发现红色是一种水生植物,它们无处不在,像棉花团般漂浮在河中,将清澈的河水晕染成大片大片的红色。因为水生植物的密度和长势不同，这些红色又略有不同：有的呈粉红，有的呈浅红，有的呈紫红……红色是小河的主色调，它在整幅"水彩画"中起决定因素，因为有了它，河流才显得生动明丽，显得妩媚多姿，显得风情万种。

其他四种颜色是配角：黄色为河底的黄沙，它们像黄金沙粒般撒落在河底，阳光透过水帘照射在它们身上，看上去金光灿灿；绿色和蓝色是周围树木、天空的倒影，这里的树是那么绿，天空是那么蓝，这些浓浓的绿和湛湛的蓝全部倾倒在河塘中，使得河水的色彩一下丰富起来，偶尔一阵风拂过，满塘的水微微漾动，这浓浓的绿和湛湛的蓝也跟着漾动起来，整幅画看上去动感十足，煞是好看；黑色是河水中岩石的颜色，它与沙粒的黄色一样，都是一种很好的背景色，在它们的装饰和衬托下，艳丽的红与浓浓的绿、湛湛的蓝更加清晰明快、活泼生动。

沉浸在彩虹河如诗似画的美景中，你是不是觉得它真的来自天堂呢？自然地，这条河的美景也吸引了大批的游客远道而来，尤其是画家和摄影师。通过他们的宣传，彩虹河声名远播，被公认为世界上最美丽的河流之一。有网友如此评论："它是如此的独特，只要看它一眼，就可以给人留下不可磨灭的印象。"

不过，很少有人知道，彩虹河的美丽只出现在每年9月，且短短的数天河中五彩斑斓的色彩就会褪去，成为昙花一现的风景。

天堂河流的传说

这条"来自天堂的河流"为何如此奇特瑰丽呢？

据当地传说，很久很久以前，这里的大地全是岩石和沙粒，既没有河流，也没有树，焦渴干燥的土地上，只生长着一些耐旱的芨芨草和仙人掌。当地人靠放牧为生，过着艰苦的生活。为了找水和放牧，他们每天得和牲畜一起，走很远很远的路。这一年，天气大旱，几乎所有的水源都枯竭了，而芨芨草和仙人掌也无法生长,牲畜大批大批被渴死、饿死。牧民们看在眼里,急在心头,其中一个叫卡诺 - 克里斯塔勒斯的青年更是焦急万分。这天晚上,克里斯塔勒斯在月光下睡着后,身体不知不觉长出了双翅,他轻轻展翅飞上高空,一直朝天堂飞去。

天堂里的美景没有让克里斯塔勒斯沉醉,也没能阻止他留下来,他恳求上帝拯救干渴的土地和牧民。上帝受了感动,将一条美丽的天河移到了人间。有了河水滋润,干渴的土地上长出了绿树和青草,牧民和牲畜得救了。为了纪念克里斯塔勒斯,人们用他的名字命名了这条河流。

彩虹河的秘密

据科学家考察分析,彩虹河之所以奇特瑰丽,最大的功绩当属河水中生长的红色植物。这种植物名叫河苔草,是一种地方性很强的水生植物。如果从水中捞起河苔草仔细察看,就会发现它们的茎干依附在河底的岩石上,而茎干以上的部分则像棉花一样漂在水中。

河苔草的生长,对水位和日照的要求十分严苛。雨季时水位过高,照射到水底的阳光就会减少减弱;而旱季水位过低,日照则又太强太多,这两种条件都不适合河苔草生长。只有在雨季和旱季之间的间隙里,河苔草才会迎来爆发性的生长期。

每年8月,当地的雨季结束后,卡诺－克里斯塔勒斯河水位下降,水流减弱,当河水流速把射入河里的阳光控制得恰到好处时,河苔草便如接到命令一般迅速成长。不过,此时的河苔草并未变红(它们呈青涩的蓝、绿色),只有到了9月,河水水位进一步下降,阳光越发强烈,为了避免被灼伤,它们才会统一换上鲜红的"外套"——红色素能够保护它们免遭太阳辐射侵害。

遗憾的是,这种"红外衣"只能在很短的时间内保护它们。几天之后,随着水位再次下降,彩色河水不复存在,这场颜色盛宴也就悄然划上了句号,只有等到来年9月,"来自天堂的河流"才会重新焕发出美丽光彩。

解密"预报专家"

"活湿度计"的奥秘

暴雨天气来临之前,大自然中的许多动物都会有所察觉,并做出各种反常行为,其中有一种动物被人们称为"活湿度计"。

"活湿度计"到底是什么? 它为什么会预兆暴雨呢? 咱们一起去揭开其中的秘密吧。

山羊的行为

牛顿是一个家喻户晓的人物,他在科学上的成就十分辉煌。不过,牛顿对天气变化的感知,却远远比不上一只山羊。

有一天,牛顿在屋里钻研问题累了后,便信步走出屋子,朝远处的山坡上走去。山坡上牧草青青,野花烂漫,再加上阳光明媚,使人的心情十分舒畅。看到这样的自然美景,牛顿心里当然是十分高兴。他一边散步,一边思索科学问题,不知不觉走了很远。

"喂,大科学家,不能再往前走了,赶紧回去吧!"不远处,有一位牧羊人高声叫了起来。

"我怎么不能往前走了?"牛顿停住脚步,疑惑地看着牧羊人。

"这天气要变,不多久就会下大雨,"牧羊人认真地说,"您没带雨伞,会遭雨淋的呀!"

"这天会下大雨?"牛顿抬头看了看天空,天气异常晴朗,太阳散发出万道金光,一点都不像要下大雨的样子。

"大科学家,赶紧回吧,我也要把羊赶回去了。"牧羊人说着挥动牧鞭,赶着羊离开了山坡。

"好端端的天气,怎么可能下雨?"牛顿摇了摇头,继续朝前方走去。

一边思索一边走，牛顿不知不觉又走了二十多分钟，此时他离自己的屋子已经很远了。正当他准备回去时，发现天气不知啥时发生了变化：太阳悄悄躲了起来，天边涌来厚厚的黑云，天地间变得很昏暗；草丛中的虫儿停止了吟唱，天空中鸟儿惊慌地飞来飞去……难道真要下大雨？牛顿一惊，赶紧迈开大步往回走。没等到他回到家，天空"哗啦"一声，倾盆大雨从天而降，牛顿被淋得像落汤鸡一般，回到家中时，头发、衣服全部湿透了。

这场大雨足足下了一个多小时才结束，雨停止之后，地面上污水横流，河道涨水，到处一片水渍。牧羊人为何知道天要下大雨呢？牛顿感到十分吃惊，同时也很好奇。于是他走到牧羊人家里，虚心地向牧羊人请教这一问题。

"不是我能预报天气，是我的这些羊告诉我的。"牧羊人微微一笑，指着他的羊群说，"我从小就和羊打交道，放了一辈子羊，通过观察羊群的行为，发现了一个规律。"

"什么规律？"牛顿紧接着问。

"每当山羊躺在屋檐或大树下时,天上就会下雨,而当它们很想出门,或者在草地上蹦跳时,天气必定很好。"牧羊人解释道。

"原来是这样!"牛顿恍然大悟。

"活湿度计"的奥秘

山羊"预报"天气的奥秘何在呢?

原来,山羊在某些情况下,能感受到来自外部环境的细微变化:暴风雨来临之前,空气中的温度、湿度以及气压都会发生改变,而人体对这些改变的反应不太灵敏,而山羊却能感受到。当它们意识到天气可能发生变化时,就不愿出门;若在野外,它们会躲在大树下,或者"咩咩"叫着奔回家。依据山羊的这些特性,人们给它们取了一个外号:活湿度计。

对空气温度比较敏感的,还有一种爬行动物——乌龟。乌龟是半水栖、半陆栖性爬行动物,主要栖息于江河、湖泊、水库、池塘及其他水域。它们已经在地球生存了几千万年,一般寿命很长,称得上是地球上的"寿星佬"。这些寿星都背着厚厚的龟壳,这层坚硬的"铠甲"不但能保护乌龟的安全,而且

还有"预报"暴雨的功能哩。养过宠物乌龟的人如果留意观察，就会发现在降雨天气来临前，乌龟的背壳都会出现潮湿现象，并且壳上的纹路也显得混而暗；如果龟壳有水珠，像是冒汗，那么预示将要下大雨，而龟壳干燥，纹路清晰，则预示近期不会下雨。俗话说"乌龟背冒汗，出门带雨伞"，就是这个意思。

乌龟的背壳为何如此神奇呢？原来，这是因为乌龟经常贴着地面行动，而且它的背壳既光滑，又阴凉，当暖湿气团移来时，空气中的水汽增多，这些暖的水汽和阴凉的龟壳相接触，就会冷却凝结在龟背出现水珠，从而预示天要下雨。

与龟壳异曲同工的，还有一些不会动的物体，如民间有"水缸穿裙，大雨淋淋"、"咸物返潮天将雨"、"柱石脚下潮有雨"、"草灰结成饼，天有风雨临"等谚语。"水缸穿裙"指空气中的水汽在水缸下部凝结出一层水珠，仿佛给水缸穿上了裙子；"咸物返潮"指咸物吸收空气中的水汽后变得潮湿起来，而"柱石脚下潮"也是这个意思；"草灰结成饼"指草灰吸收空气中的水汽粘连在一起，形成了饼状。此外，马尾松的种子也能预报风雨：晴天，马尾松种子鳞瓣因其黏液干燥变硬而向外伸张，下雨前，这些鳞瓣变软并逐渐闭合。

以上这些现象的出现都说明空气中的水汽非常充沛，暴风雨离我们已经不远了。

神奇的"活晴雨表"

据人类长期观察和统计,全世界共有 600 种动物可"预报"天气。除了咱们前面介绍的"活湿度计"外,大自然中还有一种更神奇的"活晴雨表"。

"活晴雨表"是什么动物呢?别急,咱们慢慢往下看吧。

青蛙叫,大雨到

我们都知道,青蛙是益虫,也是人类的好朋友,它们白天在稻田里忙着捕捉害虫,到了晚上,青蛙王子们便亮开喉咙,比赛谁的声音最大,谁叫的最好听。当然,歌声最动听的胜利者,将会得到青蛙小姐的垂青,并最终"抱得美人归"。

一般来说,青蛙们在白天是不会叫的,因为"呱呱"声一起,就会惊扰猎物,等于给人家提前通风报信,那样谁还会白白送死呢?不过,有的时候,青蛙们在白天也会高声"唱歌"。

2013 年初夏的一天,几名城里游客便在四川省汉源县富庄镇河东村目睹了青蛙白天"唱歌"的场景。

河东村虽然地处浅山区,但土壤好,水源便利,因此一到夏天,村前村后的大片田地里都栽满了稻秧。一到晚上,稻田里的青蛙们彻夜"对歌",将山村寂静的夜晚搞得热闹非凡。一些城里人为了体验农村的生活,往往会趁周末或节假日到村里的"农家乐"住一晚上,感受那种"稻花香里说丰年,听取蛙声一片"的意境。

不过,这几名城里的客人来到河东村的当天,便意外地听到了远近稻田里传来的"呱呱"声。当时是下午四五点钟,客人们刚在"农家乐"住下,便听到外面传来"呱呱"的声音。叫声开始并不大,而且只是偶尔叫几声,不一会儿,"呱呱"声便连成一片,而且越来越大,整个山村都似乎笼罩在了它们的喧嚣之中。

"真是奇怪了,刚才咱们进村时,田里还是静悄悄的,这会怎么叫得这么欢?"有客人提出疑问。

"咱们远道而来,可能是青蛙们用这种方式欢迎远方的客人吧。"有人开玩笑地说。

客人们走出"农家乐",来到附近的田地。可能是受到了惊扰,田地的叫声一下停止了,但仅仅过了不到半分钟,"呱呱"声又亢奋地响了起来。用眼睛仔细搜寻,可以看到一只只青绿色的小青蛙或蹲在田埂边,或趴在稻秧上,每一只都卖力地大声"唱"着,其情其景煞是可人。

稻田边,一位老人正在排水,它将稻田挖开一个缺口,田里的水迅速流了出去,稻秧的根部很快露了出来。

"老人家,秧苗正是需要水的时候,你怎么把水排空了呢?"客人不解地问。

"不排不行啊,今晚有暴雨,到时雨一下,田里的水太多了,秧苗会浮起来。"老人不紧不慢地回答。

"你怎么知道今晚有暴雨?"客人惊奇地说,"莫不成是你收到了天气预报?"

"我种了一辈子庄稼,天上会不会下暴雨,自然有人给我通风报信,"老人哈哈一笑,"你们瞧,田里的那些小家伙,不正在给我们庄稼人报信吗?"

"你是说田里的那些小青蛙?"客人好奇地问。

"是呀,青蛙都是晚上叫,如果它们白天叫,那就说明天气有变化。叫得越凶,下暴雨的可能性越大。"老人说完,走到另一块田里去了。

客人们将信将疑,一个小时后,他们的手机便收到了当地气象局发的暴雨预报。当天晚上,富庄镇一带果然风雨大作,暴雨持续到第二天凌晨5时左右,河水猛涨,一些干涸的小河沟也涌出了洪水。

"活晴雨表"的秘密

青蛙白天叫,暴雨为何就来到呢?

原来,这是由于青蛙皮肤的特点决定的:青蛙的皮肤必须保持湿润,但又要保持透气性,这样它就可以通过皮肤来进行呼吸。当天气晴朗,空气比较干燥时,青蛙皮肤的水分蒸发加快,所以它必须呆在水中保持皮肤湿润,因此也就不会叫唤;而当暴雨天气来临前,空气中的水汽增加,皮肤水分不易挥发,再加上水中也比较闷热,因此它们就会跳出水面,大声唱起歌来了。民间有谚语"青蛙叫,大雨到",说的就是这个意思。因此在动物界,青蛙被称为"活晴雨表"。

在非洲,当地的一些土著居民现在都还通过观察蛙的行为来观察天气。那里的蛙生活在丛林中,因此也被称为树蛙。这种蛙与青蛙的体形和颜色差不多,不过它们的本事却比青蛙大得多——会爬树。平时,树蛙们栖息在丛林的小河边或池塘中,每当天气要发生变化,特别是暴雨将临时,它们就会从水里爬出来,选择一棵结实的大树爬上去。当地人只要看到树蛙爬树,便知道十有八九会下暴雨,于是大家便动手做好防雨工作。

据分析,树蛙爬树的原因,一是水中空气闷热,它们待在里面感觉很不舒服;二是皮肤水分需要挥发;还有一个更重要的原因,是热带丛林中的降雨量特别大,暴雨一下,很多时候会带来洪涝,树蛙们可能是意识到这点,为了避免被水淹,于是爬到树上保平安了。

青蛙会预报天气,而它的"亲戚"——蛤蟆也有这种本领。蛤蟆身上长满一个个疙瘩,看上去令人发憷,因此民间也叫它"癞蛤蟆"。蛤蟆的生存适应能力比青蛙更强,它们经常在农家的院坝里爬来爬去,如果白天听到它们叫唤或者看到它们张嘴,说明天气有可能会发生变化,因此,农村有这样的谚语:"蛤蟆大声叫,必是大雨到"、"蛤蟆打呵欠,暴雨下成片"。

解密"活气压计"

我们都知道,高气压一般带来晴好天气,而低气压往往带来阴雨天气,暴雨来临之前,大气压强都会发生变化。因此,气象工作者"捕捉"暴雨的有力武器之一便是气压计,通过观测气压计的变化,就可以在一定程度上知晓暴雨的行踪。

大自然中,有些动物被称为"活气压计",它们与人类制造的气压计相比,可以说并不逊色。

鱼儿跳,风雨到

在四川省雅安市,有一条与城市擦身而过的河流——周公河。这条河的河水清澈,河水流速比较平稳,从外形看,它与四川盆地的其他河流没有多少区别,不过,这条河盛产一种特别有名的鱼:雅鱼。

雅鱼是雅安的一种特产冷水鱼,它外形瘦削、无鳞,肉质特别鲜美,鱼头上有一块骨头酷似宝剑。传说清朝的慈禧太后吃了雅鱼后大加赞叹,并将之作为贡品,要求每年向朝廷进贡。

雅鱼不但肉美味鲜,而且还会"预报"暴雨:每当暴雨来临前,雅鱼就会跃出水面,在河面上集体跳"芭蕾舞"。2013 年 8 月的一天,几名成都的钓鱼爱好者来到周公河边垂钓,钓着钓着,忽然眼前的水面上水花颤动,仔细一看,原来是一些手指般长短的雅鱼宝宝在跳舞,它们争先恐后地冲出水面,身体泛着银光,而在远处的河面上,偶尔也有成年鱼儿跃出水面,它们的身体重重地落下来,激起较大的水花。"不好了,看样子要下暴雨。"几名钓鱼爱好者赶紧收拾渔具离开,走到半路上,粗大的雨点便"噼里啪啦"地打下来。

081

　　无独有偶,与雅安市区相距一百多千米的汉源县也有一条河,河里的鱼儿也有这种特殊本领。这条河是大渡河的支流,名叫流沙河。这个流沙河可不是《西游记》里沙僧藏身的流沙河,它只是一条不太显著的小河,河底溶洞暗穴交错相连,绵延数千米。河中产一种当地称之为"石斑鱼"的洞穴鱼,这种鱼常藏身于洞穴之中,平时难以见其"庐山真面目",捕捉也甚难。但当天气变坏、暴风雨来临前,"石斑鱼"纷纷从藏身的洞穴中游曳而出,争先恐后地跳出水面,因河中巨石峥嵘,洞穴比比皆是,鱼儿跳跃时好似洞穴喷鱼。此时来到河边,远远看去,只见一群群银白色的鱼儿在清澈平静的河面上竞相跳跃,跃落水中溅起一朵朵水花,似万千雨点击打水面,又像群鱼乱舞,一争高下,景象非常壮观。当地人形象地把这种现象称为"鱼跳舞",民间亦有"山戴云帽,鱼儿乱跳,大雨准来到"的谚语。据当地人讲,"喷鱼"现象出现的当晚,一般都会有大风大雨天气出现,因此又有人把"跳舞鱼"说成是"龙王"降雨的"开路先锋"。

"活气压计"的奥秘

　　鱼儿跳舞为什么能预兆风雨呢?据气象专家分析,其实这种现象是由大气压强的变化造成的：暴风雨来临之前，空气中的大气压强降低，导致水中溶解的氧气量减少，更兼水汽压增大，空气十分闷热，洞穴中的鱼儿呼吸困难，"心情"极度烦躁，难耐之下，便只有奋不顾身跳出水面来呼吸"解闷"了。因此，有人又把这些跳舞的鱼叫做"活气压计"，意思是它们能感知大气压强的变化，就像活的气压计一样。民间亦有"鱼儿出水跳，风雨快来到"、"河里鱼打花，天上有雨下"等谚语。

有"活气压计"之称的，还有泥鳅。泥鳅喜欢栖息于静水的底层，常出没于湖泊、池塘、沟渠和水田底部富有植物碎屑的淤泥表层。晴天时，泥鳅们呆在水底一动不动，而当风雨将要来临时，它们就会躁动不安，在水中十分起劲地四处翻动，有时泥鳅还会跃出水面，或垂直上升到水面，用嘴直接吞吸空气。所以民间有"泥鳅跳，雨来到，泥鳅静，天气晴"的谚语，而西欧人也把它们称为"气候鱼"。据分析，这是因为暴风雨来临前，泥土里气压低，严重缺氧，为了呼吸，泥鳅们不得不拼命钻出水面呼吸氧气。

与跳舞鱼和泥鳅有类似功能的，还有一些家畜。如牛对暴风雨天气也有感知：暴雨来临之前，它们会变得坐立不安，或因气压变化显得很焦虑，人们通过观察牛群的反应，也能在一定程度上判别暴风雨来临前的天气。

人类喂养的一些小动物也有感知暴雨的能力，这其中，人类最亲密的伙伴——猫和狗表现得尤其突出。

2013年夏季的一天傍晚，四川省名山县前进乡尖峰村六组村民文玉全家的看家大黑狗跑到门口的一个池塘里，泡在水里洗起澡来，把池塘里的一群鸭子吓得到处乱跑。

"大黑，你跑到水里去干啥？快出来！"文玉全的外孙女拿起一根竹竿，将很不情愿的大黑赶了出来，可一转眼，它又跑到池塘里去了。

"今天大黑是怎么了，老是想跑到水里去洗澡，莫非它身上长了虱子？"外孙女大惑不解。

"可能不是这个原因，"文玉全看了看天空说，"估计是要下暴雨了。"

大黑在池塘里泡了许久，才慢悠悠地爬了上来。它从水里出来没多久，只听天上"唰"的一声，豆大的雨粒从天而降。大雨持续了几个小时，据当地县气象局观测站通报，当天晚上的雨量达到了暴雨级别。

　　为什么狗洗澡预兆着暴雨将至呢？据专家分析，这是因为夏天暴雨来临前，天气十分闷热，而狗由于长着一身长毛，不易散热，酷热难耐之下，它当然想到水里凉快凉快去了，因此，民间有一句谚语叫"狗泡水，天将雨"。此外，还有一种说法叫"狗洗脸，猫吃草，不到三天雨来到"，这里的"狗洗脸"指狗把唾液涂抹到自己的脸上，也是为了给自己的身体降温，而"猫咬青草"估计也是猫采取的一种降温消暑行为吧。

　　此外，农家喂养的猪在天气变化前也有反应：如果母猪不太肯吃食，懒洋洋地将饲料扒开，拱得满地都是，那么便预示着晴朗的天气即将变成阴天，暴风雨可能会来到。因此，有些地方有"母猪拱槽，风雨要到"的谚语。

小家伙有大智慧

有一部电影叫《大块头有大智慧》，讲的是一个与坏人作斗争的城市游侠，他不但块头大力气大，而且聪明机智，最终将坏人绳之以法。

在"预报"暴雨的动物大军中，有一些毫不起眼的小家伙，虽然没有大块头，但它们也有大智慧。下面，咱们就去看看这些小家伙的精彩表现吧。

蚂蚁搬家，大雨哗哗

蚂蚁是我们熟知的小家伙，它们整天在地面上爬来爬去，如果不仔细观察，你可能会无视它们的存在。不过，不要小瞧这些小家伙哦，它们在应对暴风雨侵袭时，表现得可聪明了。

2010年8月13日中午，居住在山东淄博高新区的杨女士下班后，打开自家房门，突然发现窗户边有一条粗粗的黑线，走近一看，不禁吓了一大跳：这条黑线原来是蚂蚁大军组成的！只见成千上万只蚂蚁沿着窗户缝隙爬进来，一直爬进了她家的杂物间里，前面的蚂蚁已经找到了落脚的地方，而后面的蚂蚁还在络绎不绝地爬进来。黑压压的蚂蚁大军把杨女士吓得够呛，她赶紧把老公叫了回来。当天下午，夫妻俩找来杀虫药对着蚂蚁猛喷，将蚂蚁们彻底驱逐出了屋子。可到了晚上，又有大批蚂蚁爬进了屋里，惊恐不安的杨女士没辙了，赶紧向林业专家求助。专家经过一番仔细勘察后，认为"蚂蚁搬家"是一种正常的自然现象，它很可能是暴雨将临的征兆：因为蚁窝的位

置较低,暴雨一下,蚂蚁窝很可能会被积水淹没,因此它们急着将家搬到高处,只是千不该万不该的是,它们不该选择了人类的房屋作为新家。

在专家的建议下,杨女士用杀虫药沿着窗户边喷洒了一圈,蚂蚁们无法入内,只得选择到别处安家去了。蚂蚁事件后的第二天晚上,当地果然下了一场暴雨。

典型的"蚂蚁搬家"事例,还发生在江苏省丹阳市访仙镇觊山村。2010年5月初,觊山村出现了盛况空前的蚂蚁搬家现象。成千上万的蚂蚁训练有素,它们组成浩浩荡荡的蚁军,队伍绵延达60余米,最宽处约10厘米。蚂蚁们双向而行,队伍有来有往,来的嘴里都衔着白色的蚁卵,去的则嘴里空空如也。如此宏大的阵容,让村里的小猫们都受到了惊吓,任凭主人怎么驱赶,它们就是不敢出门。

大规模的蚂蚁迁徙使村民们都感到惊奇,有人试图破坏蚂蚁行进的路线,用笤帚、扫把进行驱赶,又用开水烫,尽管不少蚂蚁丧命,蚁群也曾一度改变路线,然而,路面水干之后,蚂蚁大军又重新恢复了原先的"行军"路线……蚂蚁搬家从5月5日开始,一直持续到7日下午才结束。有经验的老人当时便指出:蚂蚁拦路,天要下雨,可能这里即将有大雨来临。果不其然,第二天凌晨,倾盆大雨便光顾了觊山村。

小小的蚂蚁为何可以"预报"暴雨呢?有人分析,暴雨来临之前,空气中的水汽遇到凉爽的地面后,会凝结出细小水滴,蚂蚁感知到这个变化后,便判断出暴雨将临,为了避免巢穴被淹,它们就会集体出动,将家搬往高处避难。人们通过观察蚂蚁的行为,总结出了一些预报天气的谚语:"蚂蚁成群,明天不晴"、"蚂蚁排成行,大雨茫茫;蚂蚁搬家,大雨哗哗;蚂蚁衔蛋跑,大雨就来到"、"蚂蚁垒窝天将雨"等。

蚯蚓往上爬,雨水乱如麻

蚯蚓也是有智慧的小家伙,在暴雨来临前,感知到天气变化的它们为了不被水淹,会从泥土里钻出来,爬到地势较高的地方避险,因此农村有"蚯蚓往上爬,雨水乱如麻"的民谚。

2004年10月10日下午,重庆江津市德感镇中渡口码头的沙滩上,出现了成千上万条蚯蚓,它们簇拥在长约50米、宽约10余米的沙滩上,横七竖八地蠕动着深褐色或深绿色的身体,看上去十分瘆人。

据当地的村民讲,这些蚯蚓是从中午开始钻出沙洞的,它们一出来便往沙滩上爬,似乎是想到沙滩上"赶集"。到了下午3时,沙滩上的蚯蚓越聚越多。在江边觅食的鸭子看到这些天下掉下来的"馅饼"喜出望外,它们纷纷赶来大吃特吃。一些螃蟹嗅到蚯蚓气味后,也从岸边的洞里钻出来,对着蚯蚓痛下杀手。

据围观的好事者推算,这天下午"赶集"的蚯蚓数量超过了3万条,下午5时左右,蚯蚓们纷纷钻进沙土里,沙滩上留下了一个个形如金字塔、大小如小指头的沙团。据当地老人讲,江边蚯蚓出洞上沙滩,是即将下暴雨或涨水的前兆。之后不久,江水果然因暴雨而上涨。

身小智慧不小的小家伙,还有昆虫界的"美声歌唱家"蟋蟀。夏天的晚上,我们经常会听到蟋蟀引吭高歌。不过,蟋蟀唱歌可是有讲究的哦:如果它们是在地面上唱歌,那表明第二天必定是好天气,而如果它们跑到房顶上去唱,那就要注意了,因为一场暴雨可能即将到来,因此人们有"蟋蟀上房叫,庄稼挨水泡"的说法。

此外,昆虫界的能工巧匠——蜘蛛的智慧也不可小视。蜘蛛不但能织出精美的"八卦阵",而且它们织网的时机也掌握得恰到好处。因为蜘蛛对空气中温度的变化反应相当灵敏,当它们感知到暴风雨或连阴雨天气将来临时,便会躲到屋檐下睡大觉,等到风雨过后,天将转晴时,它们才爬出来,专心致志地织出大网,等待猎物自动送上门,因此人们总结出"蜘蛛结网准送晴,蜘蛛收网天准阴"的谚语。

飞行军团的表演

自然界中,能预报暴雨的动物五花八门,天上飞的,地上跑的,水里游的,它们可以说是大自然预报军团的"陆海空"三军。

前面我们已经介绍了"陆军"和"海军"的赫赫功绩,下面一起去看看飞行军团的表演吧。

群雀洗凉,雨下大又强

夏季暑假的一天,姜米米和姜豆豆到乡下的外公家做客。姜米米和姜豆豆是一对双胞胎姐弟,那一年她俩十一岁。到乡下的第二天,姐弟俩便相约到村前的小河边去玩耍。玩着玩着,他们忽然看到一群麻雀从远处飞来,"哄"的一下落到了小河边。正当他们感到惊诧时,只见麻雀们把小脑袋伸进河水中,撩起水花往身上淋,有的则干脆挥动翅膀,拼命往身上浇水。一时间,小河边叽叽喳喳,水花飞溅,热闹非凡。

"这些麻雀怎么啦?它们不担心把翅膀弄湿吗?"姜豆豆感到十分好奇。

"可能是天气太热,麻雀受不了,也下河洗澡来了。"姜米米揣测。

姐弟俩站在河边,兴致勃勃地观看麻雀洗澡。麻雀们熙熙攘攘,你来我往,有的洗完便舒服地飞走了,有的才急匆匆地赶来加入洗澡队伍。它们的热乎劲儿,把河边的这两位小客人都看呆了。

"米米,豆豆,快回家吃午饭!"为了叫姐弟俩吃饭,外公也来了小河边。

"外公,那边有一群麻雀在洗澡,"姜豆豆跑到外公身边说,"乡下的麻雀是不是经常洗澡?"

"麻雀在洗澡吗?"外公走到小河边,看了一会儿,摇了摇头,"看这样子,可能要下雨了。"

"麻雀洗澡就会下雨?"姐弟俩都觉得惊奇。

"是呀,今天洗澡的麻雀是一大群,看来这雨还不小哩,说不定会下暴雨。"

"这是为什么呢?"

"这个,我也说不清楚,咱们还是赶紧回去吃午饭吧,"外公说,"吃过午饭,我得和你外婆赶紧去地里,把成熟的庄稼抢收了。"

姜米米和姜豆豆将信将疑,他们实在想不明白:麻雀洗澡和天上的暴雨到底有何关系? 揣着这个问题,他们一直盼到天黑,但半点雨的影子都没有。不过,半夜时分,就在姐弟俩熟睡之时,一场猛烈的暴雨从天而降……

看到这里,你心里可能也会涌起像姜米米和姜豆豆一样的疑问:麻雀怎么会提前预知暴雨? 其实,麻雀可没有这么聪明,专家告诉我们,麻雀之所以会下河洗澡,乃是暴雨来临前,空气中的水汽含量增加,再加上气温高,空气显得又湿又热,而麻雀身上的羽毛较厚,它们因此感到又热又痒,于是便飞到浅水里洗澡散热来了。一般来说,麻雀洗澡,预示着一两天内将会有雨天出现;如果是大群麻雀洗澡,则预示未来将有大雨或暴雨出现,民间谚语

"群雀洗凉,雨下大又强",说的正是这个意思。

鸟类中的"预报专家",杰出的代表还有喜鹊和燕子。在中国民间,喜鹊是一种吉祥鸟,这种鸟很聪明,据学者考究,喜鹊筑巢的高低,与当年雨水的多少有关系,如喜鹊在高处筑巢,当年雨水则会偏多;如喜鹊在低处筑巢,则预示当年雨水偏少。俗语说:"喜鹊搭窝高,当年雨水涝。"

燕子是人类的好朋友,暴雨来临前,它们都飞得很低,而且飞行的姿势也飘忽不定,人们根据它们的这些行为,便可以提前知道暴雨的"行踪"。如2011年夏季的一天,四川的绵阳市郊区农村出现燕子"赶集"的壮观景象,成千上万只燕子在稻田上空穿梭往来,飞得很低,引起了人们的恐慌。后来经过专家分析,认为这是一种正常现象:燕子以昆虫为食,在暴雨天气来临前,空气中的水汽多,一些小虫子飞不高,只能在近地面处飞来飞去。为了捕捉小虫,燕子便低飞捕食。又由于下雨前的气流较乱,燕子在低飞时便忽高忽低,翻飞不定,所以"燕子低飞"是"天将雨"的预兆,民间也有谚语"燕子低飞蛇过道,大雨不久就来到"。

蜜蜂窝里叫,大雨就来到

看完了鸟类军团的表演,咱们再来见识一下另一支飞行军团。蜜蜂、蜻蜓、蚊子等虽然不属于鸟类,但它们也会飞,而且这些带翅膀的小家伙预报天气的能力一点都不逊色于鸟类。

蜜蜂可以说是大自然最勤快的昆虫,工蜂们的一生,几乎都用在酿蜜和建筑蜂巢上了,只要天气不下雨,它们就会倾巢出动,飞到很远的地方去采集花蜜。不过,暴雨来临前,蜜蜂们似乎有所感知,此时它们会采取两种行为:一是加快采集花蜜的速度,赶在暴雨来临前多采点花蜜,因此有"蜜蜂采花忙,短期有雨降"的说法;二是蜜蜂们都不出门,它们挤在狭小的巢穴里,发出"嗡嗡"的声音,蜜蜂出现这种现象,说明暴雨已经快到了,所以有"蜜蜂窝里叫,大雨就来到;蜜蜂不出窝,风雨快如梭"之说。据分析,蜜蜂"预报"

暴雨天气,依靠的是一双翅膀;蜜蜂的翅膀很薄,暴雨天气来临前,空气湿度增大,蜜蜂翅膀受潮后飞不动,因此它们只能老老实实地待在巢穴里。

　　蜻蜓在风雨来临前,总会聚集在一起飞来飞去,如果它们在空中上下飞窜,2小时左右将有大雨。据分析,它们飞得低的原因和燕子差不多,也是为了捕捉小昆虫。关于蜻蜓的谚语较多,有"蜻蜓飞得低,出门带斗笠"、"蜻蜓成群绕天空,不过三日雨蒙蒙"、"蜻蜓千百绕,不日雨来到"等。此外,人类的敌人——蚊子也能预报风雨,俗话说"蚊子咬的怪,天气要变坏"、"蚊子集堂中,明朝带斗篷;蚊子乱咬人,不久雨来临;蚊虫咬得凶,雨在三日中"。

解密"预报专家"

了不起的鱼虾

台风到来时,往往会掀起巨浪,将大海表面搅得翻天覆地,海中的动物们也面临着生死考验。

前面我们已经介绍过水母的特殊功能,那么,其他的动物是否有提前"预报"台风的呢?

忽明忽灭的"海火"

"看,海面上有光!"2009年6月的一天晚上,一群游客在海南三亚市的海滩上散步时,一名眼尖的游客突然指着海面叫了起来。

没错,海面上确实有星星点点的亮光,光点不停闪烁,忽明忽灭,时浮时沉,看上去显得十分诡异。

"奇怪了,这些光点是怎么回事?"大家围着海滩,感到既新鲜,又好奇。

"你们别看啦,海火出现,台风就要来了。"一个当地人说,"你们赶紧回去吧!"

"海火?海火和台风有什么关系?"游客们迷惑不解。

"海火也叫浮海灯,每当台风要来时,它们就会出现在海面上——你们等着瞧吧,要不了三天,台风就会来到这里。"

"您还是没告诉我们:海火是一种什么东西?它为什么能预报台风?"游客们七嘴八舌地问。

"具体是什么我也不太清楚,不过,我听老人们讲过一个故事:很久很久以前,我们这里有一个打渔的年轻后生,他聪明勇敢,经常一个人驾船到深海打渔,而且每次都满载而归。这下龙王爷可不干了,他担心后生把海里的水族都打完。于是有一天,他趁后生又到海里打渔时,搅起狂风,掀起大浪,

眼看就要将后生的船打翻。形势万分危急,后生急得团团转,但却一点办法也没有。就在这时,海面上忽然星光闪烁,紧接着天空出现了一道美丽的彩虹,很快,大海变得风平浪静,船保住了,后生也得救了!"

"是谁救了后生?"游客们听得津津有味,有人忍不住发问。

"救后生的人是海神妈祖,她见后生快要被巨浪吞噬,于是从天上抓了一把星星撒到海里,龙王被星光迷了眼睛,只得狼狈地逃走了。龙王一撒走,大海自然就风平浪静了。"当地人说,"为了防止龙王再来报复后生和其他打渔人,每当他在深海中掀起巨浪时,妈祖便会把星光撒到海面上,以此来提醒大家:千万不要出海!"

"这个传说真美啊,可海火究竟是什么呢?"游客们还是没能知道真正的答案。

是呀,海火究竟是什么? 还是让专家来告诉你吧。原来,海火其实是一些会发光的浮游生物,比如磷虾、夜光虫、角藻、磷细菌等,此外,还包括一些寄生有磷细菌的鱼类。这些浮游生物都生活在海水的表层,大多在温度较高的时候繁殖。台风来临前,气温往往较高,海水的温度也跟着升高,因此这些浮游生物便密集在温度高的海面上繁殖,所以常常出现"海火"现象。

专家也同时指出,夏天天气炎热,正是海面上浮游生物繁殖的盛期,有时没有台风袭来,夜晚也会看到海上闪烁的亮光。因此,不能一见到海发光,便认为将有台风侵袭,还要参考其他的征兆,才能准确判断。不过,当你在海面上看到海火出现时,还是要提高警惕。

受惊的鱼儿

台风来临前,海中的鱼儿们也会躁动不安,并出现上浮的现象。

2010年9月,10号台风"莫兰蒂"袭击中国东南沿海一带,在台风来临前,福建石狮附近的海面上,出现了令人惊讶的一幕:一些鱼奋不顾身地跃出水面,大概是鱼的体重不轻,鱼下落时还溅起了阵阵水花。

"快去钓鱼啊!"附近有人看到活蹦乱跳的鱼儿,赶紧抄起鱼竿去钓鱼。

鱼一条接一条地钓了起来,而这时海面上的风也越来越大,海浪也跟着汹涌起来。

"台风来了,还不快撤!"有人大声疾呼,钓鱼者赶紧离开了海岸。

台风临近时,鱼儿为何要上浮呢? 有人分析,这主要是因为在台风风浪的驱使下,鱼儿们无处可逃,只好跑到近海来。也有人认为,这可能是台风制造的低频风暴声波在起作用:这种声波虽然人的耳朵听不见,但某些海中的鱼虾却可以感觉到,它们因而受惊骚动,四散流窜。还有人认为,这是因为台风来临时,其势力范围内的气压明显下降,导致海水中的含氧量减少,鱼儿呼吸不畅,只好浮到海面上来了。

有时台风来临前,一些大型的海洋生物,如海豚、鲸等也会随海流来到浅海,有些鲸甚至会迷失航向,危及生命。如2008年9月13日上午,在浙江温州市灵昆岛的滩涂上,一条长约2.5米、重350多千克的鲸,因为强台风"森拉克"影响迷失航向而搁浅了。它直接冲上滩涂,尾部被锋利的岩石划了一条伤口,生命岌岌可危。发现受伤鲸鱼后,武警温州边防支队灵昆边防派出所官兵迅速展开营救，和当地群众一起将搁浅鲸鱼送归了大海。2007年10月7日，因为台风迷失航向，一条长6米、重2吨的须鲸也搁浅在福建长乐湖南镇附近的沙滩上，腹部被擦伤。为了将它放回大海，当地村民、边防官兵、解放军战士共60多人先后赶到海滩。大家想尽了各种办法，最后，人们把帆布铺在沙滩上，站在鲸的一侧合力推，将鲸整个儿推到帆布上裹起来，然后再步调一致、小心翼翼地扛着鲸鱼往海里走。直到海水淹到腰部位置时，大家才放开帆布，鲸鱼身子一扭，嗖地一下便顺着潮水游走了。此时，距离台风登陆的时间已经所剩无几了。

在台风来临前，有时还可发现一些上浮的深层鱼类、底栖生物，如海蛇浮上海面缠结成团等，这些现象出现后，都应引起高度重视，并要采取积极的防灾避险措施。

赶不走的精灵

我们都知道,大海上生活着成千上万的海鸟,它们可都是反应灵敏的精灵哦。

台风来临前,这些精灵有何反应呢?

落在船上的鸟儿

1995 年 10 月 1 日,一艘船只穿行在墨西哥湾的浩淼海面上。早在三天前,在墨西哥的尤卡坦附近海面上,"诞生"了一个新的恶魔——热带低压"奥帕尔"。它一出生,便以极快的速度成长,到 9 月末,"奥帕尔"已经升级为热带风暴。

虽然还未成年,但"奥帕尔"已经显露出了它凶恶残暴的本性,它一边成长,一边作恶,墨西哥湾周边一带的国家,都严密监视着这个热带风暴的一举一动。

如同其他热带风暴来临前一样,这天的天气很好,风也很温柔,海面上显得很平静,只有一些小碎浪,它们轻轻拍打着船舷,让人丝毫感受不到热带风暴来临前的紧张。

"船长,咱们能赶在风暴来临前到达港口吗?"大副有些担心地问。

"应该没问题,再说了,现在那个风暴还没成形,"船长一脸自信地说,"我刚才收听了广播,据气象专家分析,它有可能会成长为飓风,也有可能长不大便消亡在海上了。"

船只劈波斩浪,快速平稳地行驶在海面上,按照这一航行速度,不出两天就能到达港口,即使飓风两天后登陆港口,船上的人们那时也已经平安了。

船又往前行驶了一段距离,突然海面上传来一阵"叽叽叽叽"的嘈杂声音。声音近了,原来是一大群鸟儿从海天相接的地方飞了过来。这些鸟大部分是海鸥,它们一边飞,一边惊慌地鸣叫着,似乎受到了什么惊吓。

　　还未等船上的人们明白过来,海鸟们已经从天空飞落,"轰"的一声扑到了船上。它们有的站在船桅上,有的站在舱盖上,还有的干脆落在了甲板上。

　　这些鸟儿看上去都疲惫不堪,仿佛已经飞行了很久很久,更奇怪的是,它们都不害怕人,尽管与船上的工作人员相距很近,甚至有的工作人员故意走近去吓唬,它们也丝毫没有飞走的意思。

　　"这些鸟儿怎么啦?"大家被眼前的一幕惊呆了。

　　"它们应该是从很远的海面飞来的,而那里,可能正是风暴的中心。"船长沉吟了一下,缓缓说道,"鸟儿们拼命逃离了那个地方,说明那里的风暴已经加强,或者已经成长为飓风了。"

　　"那怎么办?"大副问道。

　　"如果风暴成长为飓风,那么它前进的速度就会加快,而且极有可能追上咱们。"船长的脸色显得很严峻,"看来,咱们必须先找个最近的港口,避开飓风之后再说。"

于是,船只载着一大群海鸟,向最近的一个港口驶去。到了海岸边,海鸟们一下全从船上飞了起来。它们绕着船,依依不舍地飞了两圈,这才鸣叫着向内陆方向飞去。

仅仅一天之后,"奥帕尔"热带风暴便升级为"奥帕尔"飓风,它的最大风速达到了每小时241千米。当大风把海水冲向海岸时,海洋水位上升,超出平常高潮位近4米。海滨上的房屋被冲毁,而码头上的船只则被巨浪挣开缆绳,抛到了岸边。

如果不是海鸟报信,这艘船上的人都将葬身海底!

这个事例告诉我们:在海上看到大群海鸟急急忙忙朝陆地方向飞去,或者它们跌落在船上,任你如何驱逐也不肯离去时,那就要想到是否有强飓风入侵本地了。

赶集的蜻蜓

当台风来临,即将在沿海登陆时,陆地上的小精灵们有时也有不同凡响的反应,这其中,就有万只蜻蜓聚集一起"赶集"的现象出现。

2011年8月5日清晨,家住山东烟台市芝罘区的李先生准备去上班,刚走出家门,便听到头顶的天空中传来一阵"嗡嗡"的声音。他好奇地抬头一看,只见眼前出现了一大群飞舞的东西,它们密密麻麻,大概有一万多只,将太阳光也遮挡住了。李

先生惊得目瞪口呆,开始没反应过来是什么东西,等他看清楚后,才知道眼

前这黑压压的一片全是蜻蜓！

蜻蜓们飞行的高度大概有七八楼高，它们在李先生头顶盘旋了一会后，便向南边的天空飞了过去。它们数量众多，速度很快，看上去声势浩大。当天早晨，附近也有不少早起上班的人看到了这一壮观的场面。由于过去从未见过这么多蜻蜓出现，人们议论纷纷，都担心本地会出现什么灾害。

后来，有人拨打了报社记者的电话。记者赶到后，专门去气象局请教，才解开了蜻蜓"赶集"的秘密。

原来，根据气象预测，两天之后，第9号强台风"梅花"将从海上登陆，其外围将影响到烟台市。在台风的侵袭下，烟台市将会出现暴雨，部分地区有大暴雨。俗话说："蜻蜓飞得低，出门披蓑衣。"夏季，如果大批蜻蜓低空飞舞，一般情况下预示着要下雨。因为降雨之前，空气湿度较大，一些小昆虫的翅膀受潮，飞得很低，而这些小昆虫正是蜻蜓的美食。为了这难得的捕食机会，蜻蜓们聚集在一起，从而形成了热热闹闹的"赶集"场面。

但是，若想要更为准确地知晓台风何时影响本地，以及有关台风的更多信息，建议大家多关注气象部门发布的天气预报。

禽鸟知天晴

鸟儿和人类饲养的家禽,对天气变化也十分敏感,未来天气是否晴好,会不会出现高温热浪天气,它们事先都会有所反应。

日常生活中,如果你关注它们的一举一动,很可能就会捕捉到晴好高温天气的蛛丝马迹哩。

鸡鸭早归笼,明日太阳红

太阳落山了,但大地上仍有些火热。这时,一股凉风吹来,在院子里乘凉的人们都感觉舒服了许多。

"该下雨了,"来乡下度暑假的小张瞧了瞧天空说,"已经有一周没下雨了,再不下点雨,人就要被热死了。"

"我看这雨没戏,明天准又是一个大晴天!"一旁的外公摇了摇头。

"外公,天上出现了那么多云,怎么会不下雨呢?"小张表示不理解。

"天上是出现了一些云,但那些都不像下雨的云。"外公指着院子角落的鸡笼说,"你瞧,天刚黑,鸡就跑进笼里去了,明天咋会下雨嘛?"

"鸡进笼子就不会下雨?"小张有些惊讶。

"你外公说得没错,只要鸡鸭早早入笼,明天很可能又是一个大晴天。"外婆把鸡笼关好说,"只有鸡鸭迟迟不回笼,第二天才有可能下雨。"

"这是怎么回事呢?"小张感到很好奇。

"我们农村有句谚语叫'鸡鸭早归笼,明日太阳红',意思就是说头天晚上如果鸡鸭早早进入笼中,第二天太阳一定会红彤彤地挂在天空。"外公"吧嗒"了一口旱烟说,"鸡鸭从不欺骗主人,它们预报天气准得很哩。"

"外公外婆,那你们知道其中的原因吗?"

"这个，我们哪里知道……"外公外婆答不上来了。

其实，家禽（特别是鸡）预报天气的例子在农村比较常见，与"鸡鸭早归笼，明日太阳红"相对应的谚语是"鸡进笼晚兆阴雨"，说的是鸡如果进笼比较晚，那么第二天一定是阴雨天气。据分析，这可能是下雨之前，气压降低，湿度增大，昆虫们都贴着地面飞，鸡要觅虫食，再加上笼里闷，所以它们都不愿早早进笼，反之，如果第二天是晴好天气，鸡们便都宁愿早早入睡。另有专家认为，家鸡的睡姿也与天气有联系，如鸡头向外，则天气晴朗；如果鸡头向里，则天气要变有雨；如果鸡头不里不外，身体横向鸡窝，则天气阴郁。

此外，在闽南地区流传有一句关于鸡与天气的谚语：鸡晒翅，发大日；鸡晒腿，发大水。一名叫陈福气的厦门农民经过长期观察和总结，验证了这条谚语的准确性。他解释，如果看到家中的鸡晒太阳时，不仅张开了翅膀，还伸出了腿，则预示着未来几天会出太阳；而如果晒太阳的鸡，只是伸出腿，就预示着未来几天会下大雨。陈福气说，不只是鸡，鸭子的这一动作也能用来预测天气，只是没有鸡灵验。

燕子"赶集"天要旱?

鸟儿是大自然的精灵,它们在长期进化过程中,为生存繁衍形成了适应环境的各自特殊器官,对节令更换、阳光强弱及风雨雷电等现象极为敏感,人类从其发出的不同鸣叫、飞行动态或迁移之举,便能预测天气形势。

下面,咱们看一个具体的事例。

燕子是益鸟,也是人类的好朋友,很多时候,它们都是夫妻双双把家还,但有时候,成千上万只燕子会聚集在一起"赶集"。据分析,这种群燕聚集的现象,往往与当地的气候变化有关:大多数时间,群燕"赶集"预兆的往往是阴雨天气,因为风雨来临前,稻田里的害虫都会爬出来活动,于是燕子们便聚在一起大快朵颐。不过,燕子"赶集"也有例外的时候。

2006年6月中旬,每到傍晚降临,重庆荣昌县盘龙镇盘周街上的4条电线上就会密密麻麻地落满燕子。这些燕子都是从远处飞来的,它们的数量达到了上万只。来到盘龙镇后,燕子们不吵不闹,既不捉虫,也不追逐嬉戏,它们十分安静,头和脚都整齐地排列着,一动不动地蹲在电线上。第二天天亮后又整齐地全部离开。燕子们的奇怪举动引起了镇上居民的好奇,不过燕子是益鸟,而且在农村代表吉祥,所以没人去惊动它们。燕子们来来去去,持续了一周多时间后突然消失。此后的两个月,包括荣昌县在内的川渝地区高温连连,热浪袭人,出现了百年不遇的特大干旱。事后,有人分析燕子"赶集"可能是一种预兆:燕子们预感到当地要发生大旱,所以聚集在一起互通信息,"商量"应对办法,之后,它们选择了逃之夭夭。

预报晴好天气的鸟儿还有老鹰、喜鹊等。俗话说"老鹰呼风,无雨下",老鹰如果在天空飞扬盘旋,说明天上没有浓云,而且能见度大,所以一般不会下雨。"喜鹊枝头叫,出门晴天报",意思是只要听见喜鹊儿在枝头欢愉鸣叫,那么当天一定是个大好晴天。"麻雀跳,天要晴",指晴天早晨,麻雀东跳西跃,预示未来天气继续晴朗,而当它们缩着头发出"吱—吱—"的长叫声时,预示着不久将有阴雨。

　　另外,猫头鹰在夏秋季节的日出或黄昏时,如果两声三声地连着叫,叫声低沉如哭泣,并在树枝间东跳西跃,很不安宁,表明快要下雨了;如果它们比较安静,那么晴好高温天气将持续。乌鸦在低空飞行,同时不断鸣叫,这是天晴的征兆,而如果它发出含水般的叫声,表示雨天会继续,或晴天将要变阴雨天。黄鹂如果发出类似猫的叫声,这是阴雨天气的征兆,但如果它发出长笛般的鸣叫,则是晴好的天气。

寒潮使者

与其他自然灾害一样,寒潮来临之前,一般都有预兆。

与人类相比,一些动物对天气气候变化有着超乎寻常的感知力,从而能在一定程度上"预报"寒潮天气。

下面,咱们先去看看一些小精灵的表演。

蜘蛛结网兆寒流

首先出场的"预报专家"是一位小个子,它长着八只长脚,圆鼓鼓的小肚子,虽然看上去貌不出众,但却是一个飞檐走壁的"武林高手"。有一首谜语诗这样形容它:"南阳诸葛亮,稳坐中军帐,排起八卦阵,单捉飞来将。"

看到这里,你可能已经知道来者是谁了吧? 没错,它就是有"独行侠"之称的蜘蛛。蜘蛛是我们最为常见的一种小动物,它们靠一张网养家糊口,经常守株待兔,坐等猎物上门,可以说是一个不折不扣的机会主义者。

那么蜘蛛是怎么"预报"寒潮的呢? 咱们还是来看一个真实的故事吧。

1794 年深秋,法国皇帝拿破仑率领一支军队进攻荷兰。拿破仑是一位杰出的军事家,在他的英明指挥下,法军勇猛善战,将荷兰军队打得大败。很快,法军追着败退的荷兰人,直逼荷兰要塞乌得勒支城。为了阻击敌人,荷兰统帅命令将通往城区的交通要道和桥梁全部炸毁。可是这样做仍然没法阻止法军,在法国人的猛烈炮火轰击下,乌得勒支城危在旦夕。眼看城堡快守不住了,荷兰统帅突然想出了一个损招:打开各条运河的水闸,用河水挡住法军的进攻! 荷兰人说干就干,他们打开闸门,一条条水龙顿时像脱缰野马奔腾咆哮,瓦尔河水急骤上涨。在河水面前,法军迫不得已,只好下令撤退。

不过，就在法军准备撤退时，法军前锋部队统帅夏尔·皮格柳突然发现：在参谋部的屋檐下，有几个蜘蛛正在忙着抽丝结网。夏尔·皮格柳是拿破仑的老师，这是一个十分聪明而且经验丰富老道的家伙。看到蜘蛛结网，夏尔·皮格柳心中暗喜，因为他清楚：这预示着干冷天气就要到来了！于是，他向拿破仑做了汇报，两人悄悄制定了一个新的作战计划。第二天，法军撤退到中途时，突然停止不前，在原地悄悄潜伏下来。果然，小小蜘蛛摆的"八卦阵"，成了未来天气的"预告表"。第二天，一场强寒潮袭来，气温剧降，滴水成冰，一夜之间江河便封冻了起来。拿破仑的军队抓住战机转入进攻，当大军趟过冰河，出现在乌得勒支城下时，荷兰军队不禁目瞪口呆。

105

"蛛丝马迹"看起来是微不足道的线索，但它却对军事行动产生了举足轻重的影响！蜘蛛为何能"预报"寒潮天气呢？有人分析，这是因为寒潮到来后，在水汽含量少、空气很干燥的情况下，天空会出现晴朗少云的天气，会飞的昆虫这时都会倾巢出动寻找食物，因此，对寒潮天气比较"敏感"的蜘蛛就会提前织网，坐等这些昆虫主动送上门来——正是抓住了蜘蛛的这一特性,所以拿破仑军队打赢了这场战争。

不过,蜘蛛是否每次织网都能"预报"寒潮,这个目前仍说不清楚,它们的行为,只能作为我们判断寒潮天气的一个参考。

毛毛虫的表现

接下来上场的这位"预报专家"长相不敢恭维,甚至可以说有点令人毛骨悚然。它的身子呈小小的长条形,浑身长满刺毛,身上的颜色花里胡哨:脑袋和屁股呈黑色,中间的躯干呈红褐色——这种色彩搭配使它看起来很像恐怖分子。

不错,它确实是森林里的恐怖分子!这个叫"毛毛虫"的家伙,生长在美国的东北部和加拿大东部的一些地区,它们以森林为家,经常将树叶啃得光秃秃的。当毛毛虫大量繁殖时,会造成树木枯萎甚至死亡。不过,这些可恶的家伙在美国俄亥俄州却很受欢迎,从 1973 年开始,当地人每年都要举办一次毛毛虫盛会。成千上万毛毛虫被"请"到会场,接受人们的检阅,当地的电视名人和气象节目主持人还会到场助威哩。

人们之所以对毛毛虫如此器重,原来是这些家伙能"预报"寒潮天气。秘密就在毛毛虫的背上,如果它们背上的那段棕色带非常宽,便意味着将迎来一个暖冬,而如果它们背部的黑色覆盖了大部分区域,便预示着接下来将会是一个严冬。

毛毛虫"预报"寒潮的秘密至今无人能解释清楚,有人推测,毛毛虫可能会感知严寒,当它们"预报"到未来是严冬时,就会将背部的颜色调整成黑色,以便在太阳出来时吸收更多的热量;当它们"预报"到未来是暖冬时,因为无需吸收太多的太阳热量,所以背部的颜色便变成了棕色。

瓢虫小精灵

最后上场的这位"预报专家",是一位身材玲珑、会展翅飞舞的小精灵,它就是大名鼎鼎的瓢虫。

瓢虫的身材真的是太小了，它身长只有 5 ~ 10 毫米，形状像半个圆球，身上的"衣服"十分鲜艳，有黑、黄或红色斑点。这位小精灵是人类的好朋友，从小时候开始，它便与害虫——蚜虫较上了劲，并成为消灭蚜虫的主力军。有人做过统计，一只七星瓢虫平均每天能吃掉 138 只蚜虫。

据统计，全世界有超过 5 000 种瓢虫，在欧亚大陆和北美洲瓢虫随处可见。和所有的野生动物一样，瓢虫不会像人类那样拥有一个可以躲避风雨的住所。它们只能坚强地忍受各种恶劣的天气，有时它们会藏身于树叶之下，把树叶作为挡风遮雨的保护伞。人们通过观察发现，瓢虫对季节性的气候变化非常敏感，由秋入冬时节，一旦气温下降到 12 ~ 13 ℃，它们便寻找一个温暖的地方，聚成一团冬眠，而当春天到来，它们又开始涌向户外。因此，有人将它们作为气温升降的指南：当瓢虫消声匿迹时，预兆着寒冷天气即将到来；而当它们出来活动时，预示着气温回升，春天即将到来了。

非著名"预报专家"

小精灵们的表演很给力,下面,该轮到重量级的"预报专家"出场了。

猪衔草,寒潮到

寒假里,小华到乡下的外婆家玩。外婆养了一只又肥又大的黑毛猪,小华每天都会跟着外婆到菜园里,采摘一些菜叶喂它。

这天傍晚,小华抱着一堆菜叶到猪圈去喂猪,突然发现黑毛猪不见了。"外婆,不好啦,大肥猪跑了!"小华惊慌不已,赶紧喊叫起来。

"它没有跑,在草下面藏着呢。"外婆走进猪圈一看,不禁乐了。她拿着一根木棍,朝猪圈里一个隆起的草堆打了一下,黑毛猪"哼"了一声,迅速从里面钻了出来。

"外婆,它今天是咋了,怎么钻到草里面去了呢?"小华感到迷惑不解。

"可能是天气要变了,"外婆抬头望了望天空,"这天看来要变冷了。"

"猪钻到草窝里,天气就会变冷?"小华还是头一次听说这样的怪事。

"是这样的,每次猪只要钻到草堆里去,第二天天气准会变冷。"外婆说,"过去我养过一头母猪,它冬天下了崽后,只要第二天天气要变冷,它就会不停地衔草做窝,把小崽们全都引到草窝里去,可准了!"

"猪也会预报天气? 这也太神奇了吧。"小华半信半疑。

当天夜里,凛冽的北风"呜呜"刮了起来,气温迅速下降,到了第二天白天,天气冷得让人受不了,小华赶紧把羽绒服穿上了。他跑到猪圈里一看,黑毛猪躲在草窝里,正呼噜呼噜地睡大觉哩。

"黑毛猪真是神了!"小华不由得对眼前这头看上去又肥又笨的黑猪暗暗佩服,同时,他非常想弄清楚其中的原因。回到城里后,他到网上去查了一下，发现原来猪真的能"预报"寒潮。此外，还有关于猪预报天气的谚语，如"猪衔草，寒潮到"、"猪筑窝，下大雪"等，意思都是说猪如果衔草筑窝，近期天气很可能就会转冷，出现剧烈降温或下大雪。

不过，猪为何能"预报"寒潮天气？有人分析，这是因为猪的鼻、嘴部无毛，能直接接触空气，因而对寒冷特别敏感，在寒潮到来之前它便有知觉，于是急忙衔草做窝；天气稍冷时，它便把长嘴巴伸入草中，再冷些就会全身钻进草里御寒。而母猪的反映更为敏感，因为它带着一群孩子，为了保护孩子们不受冻，它需要做一个很大的窝容纳全家，因此需要衔更多草，所以，在感知寒冷来临时，它就会比那些单身汉更忙碌了。

驯鹿南迁严寒到

接下来出场的"预报专家"，是长期生活在冰天雪地中的居民，它就是北方有名的驯鹿。

驯鹿又名角鹿，不管是雌鹿还是雄鹿，都长着树枝状的鹿角，特别是雄鹿的大鹿角更是又大又复杂，看上去显得很精神。驯鹿们的居住环境比较特别,目前,它们主要分布在北半球的环北极地区,包括欧亚大陆和北美洲北部,以及一些大型岛屿。

别看驯鹿的名字里有一个"驯"字,其实驯鹿并非人类驯养出来的,特别是北美的驯鹿更是如此,它们纯粹是野生动物。驯鹿虽然耐寒,一般的冰雪天气对它们无可奈何,但冬天到来时,环北极地区的极度严寒也令它们胆寒,特别是在这样的天气里,大雪飘舞,积雪深达数尺,它们难以找到食物。因此,每年冬季到来时,它们就会成群结队地往纬度稍低的地方迁徙,在亚北极地区的森林和草原中度过严冬。在北方生活的人们,只要看到大群的驯鹿迁徙来到本地,便知道距离严寒已经不远了,于是赶紧做好越冬保暖准备。

驯鹿的迁徙场面十分壮观,往往是数万只驯鹿一齐行动。它们总是由雌鹿打头,雄鹿紧随其后,秩序井然,边走边吃,日夜兼程,像一道白色的洪流在大地上涌动。冬天过去,春天到来,它们便离开越冬的森林和草原,沿着几百年不变的路线往北进发。行进途中,它们会脱掉厚厚的冬装,生山新的薄薄夏衣,脱下的绒毛掉在地上,正好成了路标——就这样年复一年,它们不知道已经走了多少个世纪。

有人分析,驯鹿的迁徙与大雁南归一样,都是为了适应气候环境而采取的一种自我保护行为。它们的这种行为,在一定程度上反映了季节寒来暑往的变化,因此可以作为人类活动的一种参考。

"预报专家"土拨鼠

最后出场的这位"预报专家"是一位小个子,它站立时的身高大约半米,体重只有 5 千克。这个小家伙长着可爱的短尾巴,手脚短短胖胖的,嘴巴前排有一对长长的门牙,一副呆呆傻傻的样子,十分讨人喜欢。

你可能已经知道它是谁了吧?没错,它的名字就叫土拨鼠,也叫旱獭,它与松鼠、海狸、花栗鼠等是亲戚,都属于啮齿目松鼠科。土拨鼠主要分布在北美大草原至加拿大等地区，别看它们模样傻里傻气，其实行动相当机警迅速。它们大部分时间呆在地下洞穴里，出来活动时，它们不仅会随时察看周围情况，还会专门安排负责放哨的"警卫"哩。

土拨鼠不但机警，还会预报天气。在美国东部的宾夕法尼亚州，有一只名叫"菲尔"的土拨鼠，它是当地鼎鼎有名的天气预报员。每年的2月初，有人专门守候在菲尔出没的洞口。菲尔从洞里爬出来后，如果在阳光下看到了自己的影子，它就会大声尖叫，而一旦尖叫声响起，就预示着当地将会迎来超过6周的寒冬。科研人员说："只要土拨鼠还能看到它自己的影子，那么这个冬天就不会结束……"

菲尔的预报秘诀是什么呢？至今人们仍没有弄清楚其中的原因。当然，土拨鼠预测天气也有失灵的时候，因而它们的预测只能作为一种参考。

高空气象顾问

寒潮"预报"大军中,当然少不了天上飞的鸟儿,有些鸟儿"预报员"身怀绝技,"发布"的天气预报相当准确,称得上是人类的"气象顾问"。

大雁南飞寒流急

大雁是人们熟知的鸟类类群之一,又称为野鹅,属于天鹅类。它们是出色的空中旅行家,秋冬季节,大雁从老家西伯利亚一带,成群结队、浩浩荡荡地飞到中国南方过冬;第二年春天,它们经过长途旅行,再回到西伯利亚产蛋繁殖。尽管飞行速度很快,每小时能飞68~90千米,但几千千米的漫长旅途,它们也得飞上一两个月。

虽然每一次迁徙途中都要历尽千辛万苦,但大雁们春天北去,秋天南往,从不失信。不管在何处繁殖,何处过冬,总是非常准时地南来北往。中国古代有很多诗句赞美它们,如南宋诗人陆游的"雨霁鸡栖早,风高雁阵斜",唐代诗人韦应物的"万里人南去,三春雁北飞"等。

大雁为何要不辞辛劳地年年迁徙呢? 让咱们通过一个童话故事来了解一下吧。

在北方的一个湖泊边,一只绰号叫"丑小鸭"的年轻大雁独自在湖边寻找食物。由于太年轻了,它身上的羽翼尚未丰满,身体看上去显得很单薄。

远处,它的母亲正着急地到处寻找他。

"嘎嘎",母亲高声呐喊,并不时地抬头看看天空,神情显得很焦急。

"妈妈,我在这里哩。"丑小鸭听到了母亲的呼唤,便漫不经心地应了一声,继续低头寻找湖里的小鱼。

"孩子,你真是太气人了,独自出来也不告诉我一声,害得我到处找你。"

母亲有些生气地说，"快点给我回去吧！"

"妈妈，我只是在这里捉鱼，又没干坏事。"丑小鸭的倔脾气上来了，"我不想回去！"

"叔叔阿姨们都走了，难道你还想待在这里？"母亲气得脸色都变了。

"走了？他们到哪里去了？"丑小鸭抬起头，一脸茫然。

"到南方去呀！"母亲一边回答，一边焦灼地望了望天空，大雁们正排成"一"字形长队，缓缓向南方飞去。

"这里是我们的家乡，为什么要到南方去呢？"丑小鸭迷惑不解。

"因为这里很快就要进入冬季，再不走，严寒一到，这里就会成为一个冰天雪地的世界，你会被冻僵的。"母亲耐心地解释，"孩子，这是咱们大雁家族的传统，你虽然年轻，羽翼也不够丰满，但也必须随大家一起去温暖的南方过冬。"

"那咱们走了后，还会回来吗？"

"当然要回来，明年春天天气暖和后，咱们还会回到这里来生活。"母亲拍了拍丑小鸭的肩膀说，"快走吧，你爸爸在那边已经等得很着急了。"

丑小鸭回头看了看自己从小一直生活的湖泊，恋恋不舍地跟在爸爸妈妈身后，向遥远的地方飞去……

看完这个童话，你应该明白了吧：大雁迁徙，其实是为了避开北方的寒潮。它们每年大约在秋分之后飞往南方越冬，春分后又飞回北方繁殖。人们将大雁称为"寒潮预报专家"是有一定道理的：当北方有冷空气南下时，大雁往往结队南飞，以躲过寒潮带来的风雨低温天气，民间谚语"大雁南飞寒流急"说的正是这个意思。此外，还有"八月初一雁门开，大雁脚下带霜来"、"群雁南飞天将冷，群雁北飞天将暖"等，意思也都差不多。

秋夜里,迁徙途中的大雁还会用更加独特的方式发布气象信息,人们经过验证总结出这样的谚语:一只雁叫天气晴,二只雁叫雨淋淋,三只四只群雁叫,当心大雨过屋顶。据分析,这是因为啼叫的大雁越多,表明空中的湿度越大,预示着大雨将至。

老鹰高空叫,大雪就来到

冬天来临,气温剧降之时,有一些鸟也能提前感知,并向人类通风报信哩。

老鹰,也叫鸢,它是一种凶猛的食肉猛禽。老鹰不像大雁那样,冬天到来便迁徙到南方去过冬,它们会坚守在自己的家乡,与猛烈的严寒天气做斗争。在一些地区,人们会将老鹰驯化,让它帮助打猎。鹰属于"闷葫芦"性格,平时一般很少发出叫声,它发出叫声的情况有两种:一种是当地面有食物可猎取时,它十分兴奋,于是便情不自禁地叫出声来;另一种是冬天气温降

得很低，它感到十分寒冷时才会鸣叫。人们通过观察，发现老鹰鸣叫时，往往会下大雪，因此总结出了"老鹰高空叫，大雪就来到"的谚语。

那么，老鹰为什么能预报大雪呢？原来，当寒潮到来，地面气温骤降时，空中的温度便降得更低，而老鹰在高空飞行，最能体会这种冷滋味，因此它才会不停鸣叫——反过来说，老鹰鸣叫，说明高空气温很低，下雪的可能性极大。

另外，小小的麻雀也能"预报"下雪天气。如果麻雀不停外出寻找食物，并把这些食物囤积起来，那么就预示近期可能要降温下雪，所以民间有"麻雀囤食要落雪"的谚语。

能"预报"寒潮的鸟儿还有我们熟悉的乌鸦。乌鸦因为经常"呱呱"乱叫，惹人讨厌，因此"乌鸦嘴"被人们用来形容那些乱说话的人。不过，冬天里的乌鸦"呱呱"叫可是有原因的：一是冷得受不了；二是因为天冷找不着食物，内心焦灼。因此，古人将它们称之为"寒鸦"，并在诗词中用它们来衬托寒冷、萧瑟的深秋。如元朝著名散曲家张可久这样写道："对青山强整乌纱，归雁横秋，倦客思家。翠袖殷勤，金杯错落，玉手琵琶。人老去西风白发，蝶愁来明日黄花。回首天涯，一抹斜阳，数点寒鸦。"南宋文学家文天祥也有"古庙幽沉，仪容俨雅，枯木寒鸦几夕阳"的描述。

天机常会泄漏

雨来云儿报

俗话说：云是天气的招牌。天上出现什么云，就会有什么样的天气出现。暴雨是一种猛烈的天气，那它出现之前，天上的云会不会提前"通风报信"呢？

天上钩钩云，地上雨淋淋

2007年7月的一天下午，成都市上空出现了一种形状怪异的云：云体很薄，颜色呈白色，云丝平行排列，它们向上的一头长有小钩，看上去像一把把钩子，又仿佛是标点符号中的逗号。

"这些云好怪哟，看上去像钩钩。"有人站在路边，目不转睛地盯着天空。

"是呀，我还是第一次看到这种云。"有人干脆拿出相机，对着天空拍摄起来。

"出现这种云，是不是天气要变哟？"人们议论纷纷。看的人越来越多，最后电视台的记者也出动了。记者找到气象专家一打听，才知道这种云有一个很形象的名字——钩卷云。在夏季，钩卷云的出现，意味着雨带的来临。

让我们来好好认识一下这种奇怪的云吧。"钩钩云"其实是一种高云，属于卷云大家族的一个分支，它常出现在7 000～8 000米的高空，是一种丝缕状的云体，云层薄而透明，上端有小钩或小簇的白色云丝——"钩钩云"之所以会长出小钩，是因为它的云体是由冰晶构成，由于高空风力很强，一部分下落的冰晶在风力作用下，被吹得向上弯曲起来，从而形成了钩子状。

为什么小小的钩状云能预示暴雨天气呢？原来，钩卷云虽然小巧轻盈，但它却是暴雨等强对流天气的"探路先锋"。当冷暖空气相遇时，由于"水火

天机常会泄漏

不容"，它们之间往往会发生激烈的战争，重的冷空气会插到暖空气下方，把轻巧的暖空气抬起来。冷暖空气的交界面，便是两大气团的直接战场，这里往往蕴蓄着激烈的暴风雨（或暴风雪），气象学上将之称为"锋面"。"钩钩云"通常便出现在锋面的云层前面，当高空出现"钩钩云"时，紧跟着后面便会出现卷层云和高层云，最后，主角雨层云或积雨云粉墨登场，降雨天气便随之开始了。

　　天上出现"钩钩云"时，一般隔十几个小时就会下雨。但有时候，也会隔一两天才会下雨，因此民间还有"天上钩钩云，三日雨淋淋"的说法。

　　专家指出，有时候"钩钩云"出现时，它的"堂兄"毛卷云也会"结伴"出现。毛卷云的形状有的像扫帚，有的像马尾，有的像羽毛，因此它们也被称为扫帚云、马尾云和羽毛云。这些云和"钩钩云"一样，也是天气变坏、暴风雨将临的征兆，所以人们有"天上扫帚云，三五天内雨淋淋"、"马尾云，吹倒船"等民谚。

　　专家同时告诉我们，影响天气气候的因素是多方面的，有时天上出现"钩钩云"或毛卷云时，本地区并不一定会下雨，如雨后或冬季出现的"钩钩云"，预兆的是本地连续出现晴天或霜冻，所以又有"钩钩云消散，晴天多干旱"、"冬钩云，晒起尘"的谚语。

江猪过河，大雨滂沱

人们根据长期以来观云测天的经验，总结了许多与暴雨有关的谚语，其中的"江猪过河，大雨滂沱"可以说形象而逼真。

"江猪"指的是雨层云下面一种形状有些破碎的云——碎雨云，这种云颜色灰黑，形状看上去有点像猪，所以人们称之为"江猪"。碎雨云体积小，移动快，当我们抬头望向天空，用肉眼就可以看到它们在天空飘移，看上去仿佛一头头"江猪"在天河中游动，因此有"江猪过河"之说。出现碎雨云，表明雨层云中水汽很充足，大雨即将来临。有时，碎雨云被大风吹到晴天无云的地方，人们在夜间，便可以看到有像"江猪"的云飘过"银河"，这也是有雨的先兆。

云"预报"暴雨的谚语还有许多，下面咱们再了解几种。

"棉花云，雨快临"。这里的"棉花云"指絮状高积云，它是一种中云，看上去像棉花一般。出现这种云，表明中层大气层很不稳定，如果空气中水汽充足并有上升运动，就会形成积雨云，这是暴雨和雷电降临的先兆。

"天上灰布悬，雨丝定连绵"。"灰布"指雨层云，因为颜色灰黑，云底较平坦，所以被称为"灰布云"。这种云大多由高层云降低加厚蜕变而成，范围很大、很厚，云中水汽充足，常产生连续性降水，有时24小时降雨量也能达到暴雨或大暴雨标准。

"炮台云，雨淋淋"。炮台云也称为"城堡云"，有时我们看向天空，会发现一排底部平坦而顶部凸起，远望像城堡相连的云（也有人说像炮台），这种云指的是堡状高积云或堡状层积云。它们是由于较强的上升气流突破稳定层后，局部垂直发展所形成的。出现这种云，表明空气中的气层很不稳定，如果对流继续增强，水汽条件也具备，暴雨的"母亲"——积雨云就会出现了。

121

此外，云的移动方向也能预兆暴雨，俗话说"云往东，车马通；云往南，水涨潭；云往西，披蓑衣；云往北，好晒麦"，意思是说云向东、向北移动，预示着天气晴好；云向西、向南移动，预示着会有雨来临——这是因为云的移动方向，一般表示它所在高度的风向。这一谚语说明的是云在低压内不同部位的分布情况，它适用于密布全天、低而移动较快的云。

代表云移动的谚语还有："云下山，地不干"、"黑云接驾，不阴就下"、"西北起黑云，雷雨必来临"等。其中，"云下山，地不干"指的是在山区，当云从高山地区移到山脚下时，大雨也会跟着接踵而至；"黑云接驾，不阴就下"指的是满天黑云滚滚，这种云层一般都是暴雨天气的征兆；"西北起黑云，雷雨必来临"指的是西北方有积雨云入侵，表明大气层很不稳定，是雷电和大雨将临的征兆。

观风听雷识暴雨

  暴雨天气来临时,往往伴随着大风和雷电,人们在描述暴雨时,也经常用狂风骤雨、雷鸣电闪等词语来形容。

  那么,暴雨来临之前,风和雷有什么反应呢?

东风急,备斗笠

  在中国民间的谚语中,和暴雨天气密切相关的风是东风。俗话说:东风

急,备斗笠。意思是东风刮得很急的时候,就得赶紧准备斗笠了,因为暴雨天气很快就会光顾本地。与这个谚语意思相同的谚语还有许多。

"东风急,雨打壁":这条谚语与"东风急,备斗笠"一样,都是说东风如果刮得很急,那么未来雨水就会扑打到墙壁上,预示当地会下暴雨。

"不刮东风不雨,不刮西风不晴":意思是说只有刮东风,天上才会下雨,而刮西风天气就会晴好。

"雨后生东风,未来雨更凶":意思是当地下过雨之后,如果刮起了东风,那么未来的雨会下得更大更猛。

除了东风,中国大陆刮南风也会带来比较猛烈的降雨天气。俗话说得好:"南风不过三,过三不雨就阴天。"意思是说如果刮上三天南风,那么当地不是下雨就是阴天。还有"雨后西南风,三天不落空",意思是说本地下过雨后,如果刮起了西南风,那么未来三天都将是降雨天气。

你可能会问:为什么刮东风和南风,天上才会下暴雨呢? 我们都知道,下暴雨需要大量水汽,而这些水汽多半来自海洋。你如果找一张中国地图看一看就明白了:中国大陆的北面和西面都是内陆,只有东面和南面是海洋,因此,水汽只能从东面和南面过来。而输送水汽的动力只有一个——风。在东风和南风的运送下,水汽源源不断地从东面和南面的海上"吹"过来,从而为暴雨奠定基础。

暴风雨天气临近前,一些本地风的变化也不能忽视。俗话说"风静闷热,雷雨强烈",指雷雨来临前,如果本地闷热无风,那么雷雨会更强烈;"雨前有风雨不久,雨后无风雨不停",说的是如果下雨之前刮风,那么雨下的时间就不会太久,而下雨后不刮风,那么雨就会一直下。

看到这里,估计你会感到奇怪:前面咱们说刮东风和南风才会下暴雨,而这里又为何说风静雨猛呢? 其实这并不矛盾。前面说的刮东风和南风,是指暴雨酝酿阶段,一般是两三天以上的间隔,而这里说的风静雨猛、雨前有风雨不久,是指暴雨即将来临,一般几小时或一小时内就会降下来,所以说,这两者之间并不矛盾。

响雷雨不凶,闷雷下满坑

天上打雷或出现闪电,表明雨很快会降下来或已经降下来了,这时通过辨别雷声的大小和方向,可以在一定程度上判断雨还会下多久,以及雨量是否会达到暴雨级别。

2008 年 9 月中旬的一天晚上,成都市霹雳震天,闪电耀眼,一个接一个的惊雷在城市上空炸响,令人心惊胆颤。伴随雷声,大雨从天而降。惊雷闪电整整持续了一个晚上。据四川省气象局雷电监测中心统计,这天晚上成都市雷电闪击次数一共发生了 1 万多次,不过雨量统计却出乎市民们的意料,雨量并未达到暴雨标准。"雷声那么吓人,雨也一直在下,怎么会没达到暴雨等级呢?"有市民觉得奇怪。而在距离成都几十千米的都江堰市,当地虽没听到多少雷声,但大雨一直"哗哗"地下,到凌晨 5 时便已经达到了暴雨标准。

以上这个事例,正好说明了一个事实:响雷雨不凶,闷雷下满坑。人们通过长期的观察,早已经总结出了雷声和大雨的关系,类似的谚语还有"炸雷雨小,闷雷雨大"、"雷轰天顶,有雨不狠;雷轰天边,大雨连天"、"雷打天顶雨不大,雷打云边降大雨"等。

如果我们早晨起来,感觉天气十分闷热,这时天上响起一两声闷雷,那么大雨很快就会降下来,不过,这种雨来得快,去得也快,一般不会超过晌午,因此民间有"早雷下大雨,下雨不过晌"之说。在各种雷声之中,有一种雷声比较独特,"隆隆"声持续不断,听上去像拉磨一般,出现这种雷,往往会产生狂风和冰雹,其危害有时比暴雨还大,所以有"雷声像拉磨,狂风夹冰雹"的说法。

闪电对暴雨的判别也有一定意义,如果闪电出现在头顶,那么雨一般下得小,闪电出现在天边,雨往往下得大,所以说"直闪雨小,横闪雨大"。另外,闪电出现的方向也很关键,一般来说,西方和北方出现闪电,下雨的可能性大,而东方和南方出现闪电,下雨的可能性小,所以有"昙天西北闪,有雨没多远"、"东闪空,西闪雨,南闪火门开,北闪连夜来"等说法。

　　不过,气象专家提醒我们,以上这些暴雨的前兆只能作为一种参考,它们并不是绝对的。

听,海吼的声音

台风来临前,如果在海边上留心观察,会听到大海发出的各种声音,有经验的人根据这些声音,就能辨别出台风的远近。

大海在吼叫

2013 年 9 月中旬初,强台风"天兔"在菲律宾沿海海面生成后,行进过程中影响我国台湾省,带来了狂风暴雨,为了躲避台风灾害,台湾有 1 000 多人被迫转移。

在台风来临前的 9 月 19 日,在台湾鹅銮鼻附近的海边上,有当地村民听到了大海发出的声音。

这天下午,一个李姓村民和妻子一起,正在海边的沙滩上忙活着。

"你听,好像有飞机在飞。"李姓村民隐约听到了飞机的声音。

"哪里有啊,我怎么没看见?"妻子抬头望了望天空,天上除了几只海鸟外,连飞机的半点影子都没看到。

"可是我明明听到飞机的嗡嗡声了。"李姓村民再一次看了看天空,可是他也没看到飞机的影子。

"声音好像是从大海上传来的。"妻子也听到了"嗡嗡"声。

"莫非是大海发出的声音?"李姓村民猛拍了一下自己的脑袋说,"今天下午气象局已经发布了台风警报,说台风过两天就要到了。"

"那咱们赶紧把渔船拖上岸吧!"妻子着急了。

当天晚上,大海发出的吼声更加清晰,村里的许多人都听到了。有人觉得像远处飞机发出的声响,有人却觉得像海螺号角,更有甚者,觉得那声音像远方的雷声在回旋……

　　村民们听到的这些声音，就是台风来临前的一种现象——海吼。海吼也称为"海响"或"海鸣"，它一般是在台风来临前出现。海吼的声音越大，表明台风离本地的距离越远；如果海吼的声音减弱，则说明台风已经渐渐离去。

　　海吼现象在浙江的舟山群岛上表现得更加明显。在岛上，有一个面朝大海的岩洞，这个洞"预报"台风十拿九稳：岛上的人们要出海打渔，都要到这个洞口来"探探"风声，如果洞里没有什么声响，就可以放心大胆地出海；若洞里发出"呜呜"、"轰轰"的声音，则表明台风要来了，人们只能躲在家里。这个岩洞"预报"台风的秘密是什么呢？据专家考评，这是因为在台风来临前，大海上发出的声音传进岩洞时，就会在洞内激起回声，从而将海吼的声音放大，当地人只要听到岩洞发出响声，就知道台风要来了，于是赶紧采取防台风措施。

　　那么，海吼到底是怎么回事呢？要弄清这个原因，咱们得先去认识台风的另一个"脸谱"——长浪。

　　长浪又称为"涌浪"，它是从台风中心传出来的一种特殊海浪。这种浪的

"脑袋"圆圆的,浪头通常只有 1～2 米高,各浪头之间的距离比较长;而普通海浪则是"尖脑袋",浪头之间的距离转短。当台风还在较远的洋面上时,在海边就能看到长浪持续不断地涌来。长浪"体形"浑圆,声音沉重,节拍缓慢,它们每小时能"跑"70～80 千米。

别看长浪外表"温柔",一旦靠近海岸,它们就会凶相毕露:圆形的浪头一下变成滚滚碎浪,使得海岸的水位升高,海面上波涛汹涌。随着时间流逝,长浪越来越猛,便预兆着台风在迅速逼近。

好了,咱们现在回过头来说海吼。弄清了长浪的"身份",海吼的原因就很简单了:海吼其实是长浪撞击海岸山崖时发出的吼声,只不过这些吼声经过层层传播,在远处听来就变成了类似飞机的"嗡嗡"声和海螺号角声了。

测"风"的仪器

当台风在海面上快速前进时,大风和巨浪波峰间的磨擦和冲击,会产生一种频率为 8～13 赫的次声波。这种次声波人类的耳朵听不到,但有一种神奇的海洋生物能听到。

这种海洋生物便是水母。水母的"耳朵"(即其细柄上的小球)上有一块很小的听石,当听石接收到次声波,并刺激"耳朵"壁内的神经感受器时,水母便隐约可听到即将来临的台风怒吼声,为了避免被狂风巨浪砸碎,于是这些小精灵纷纷逃离岸边,赶紧游向安全的大海深处。

水母耳朵"预报"台风的原理,给了人类很大的启发。根据水母的特点,人类制成了一个简易的台风预报仪,它由喇叭、接收次声波的共振器、把振动转变为电脉冲的压电变换器以及指示器组成。这套仪器设备安装在船只甲板上后,喇叭可以作 360 度旋转,当旋转自行停止后,它所指的方向,就是台风来的方向,而指示器则表示台风带来风暴的强度。

除了台风预报仪,经常出海的渔民还发明了一种简单的预报办法——利用氢气球来判断台风。渔民们将一个直径约 50 厘米的气球充满氢气,只

129

要将这个氢气球放在耳朵边听一听,就能判断远处有没有台风,以及它是否会袭击本地了。

你可能会觉得不可思议,氢气球怎么能预报台风呢? 前面我们已经讲过,台风在海面上行进时,会产生一种次声波。当次声波从远处传来后,除了水母耳朵能听到外,氢气球也能"听"到。充满氢气的气球能因低声波而发生共鸣,从而产生一种振动;这种振动的振幅和强度,会给予靠近氢气球的人们的耳膜一种压力,使耳膜产生一种振动的感觉,根据这种感觉,人们就能知道远处的台风了。一般情况下,台风越近,耳膜感觉到的振动越清晰。根据清晰程度变化,就可以判断台风是逼近还是远离了。

天边有朵火烧云

炎炎夏日,当某一个地区持续数日天气晴好,滴雨不下时,气温就会越来越高而形成滚滚热浪,所以,关注热浪前兆,其实就是关注这个地区未来的天气是否晴好。

俗话说,云是天气的招牌,天气晴好与否,云具有较大的预兆性。下面,咱们去了解一种特殊的云——火烧云。

红彤彤的火烧云

"看,天上的云好红哟!"

"是呀,真漂亮,把天空都映红了……"

2011 年 8 月 24 日傍晚 19 时,夜幕徐徐降临四川南充市,随着城区上空最后一抹夕阳余晖落山,一朵云彩惊艳地点缀在天空西北边,它仿佛是被大火烧红的,看上去红彤彤一片。这一难得的自然景象吸引了不少在外散步的市民,大家纷纷仰头欣赏。当天傍晚,这朵红得格外灿烂的云朵在天空出现了约 15 分钟。它最美丽的时刻,是在它"诞生"后的 8 分钟左右,当时云朵显得很亮丽,而且不断变换形状和姿态,时而像海浪,时而像巨狮,时而像山峰,引得人们啧啧称奇。之后,云朵的色彩慢慢暗淡下来,最后逐渐融入了苍茫的夜色之中。

南充市民们看到的这朵红云,就是民间俗称的"火烧云",它有一个学名叫做"霞"。霞一般出现在日出和日落前后的天边,看上去十分美丽。早霞和晚霞看起来都五彩斑斓,但它们之间也有区别:早晨的称"朝霞",云体本身色彩暗淡且形体巨大,但是天空却呈现出一种淡雅的玫瑰色;傍晚的叫"晚霞",色彩红艳,形状多变,云体较小。

霞是如何形成的呢？原来，朝霞和晚霞都是由于空气对光线的散射作用形成的：当太阳光射入大气层后，一旦遇到大气分子和悬浮在大气中的微粒，便会发生散射。这些大气分子和微粒本身是不会发光的，但由于它们散射了太阳光，于是每一个大气分子都形成了一个散射光源。太阳光谱中波长较短的紫、蓝、青等颜色的光最容易被散射出来，而波长较长的红、橙、黄等颜色的光则透射能力较强。因此，光线经空气分子和水汽等杂质的散射后，天空就带上了绚丽的色彩。

朝霞不出门

很早以前，中国人便发现天上的云霞可以预示未来天气，在中国民间，关于朝霞和晚霞的谚语挺多，如"朝霞不出门，晚霞行千里"、"朝霞雨淋淋，晚霞烧死人"、"早霞不过午，晚霞一场空"、"朝起红霞晚落雨，晚起红霞晒死鱼"、"早上赤霞，等水泡茶；晚上赤霞，无水洗脚"。甚至有古人写诗来描述这种现象："日出红云升，劝君莫远行；日落红云升，来日是晴天。"这里的"红云"即霞，前一句红云指朝霞，而后一句则指晚霞。

同为云霞，为什么早上和晚上出现的云霞预示的天气却截然不同呢？原来，朝霞和晚霞虽然是同胞"姐妹"，但由于成长经历和性格、脾气等大不相同，因此它们各自代表的未来天气也不一样。

先来说说"姐姐"朝霞吧。据气象专家介绍，朝霞的出现有着复杂的"社会背景"：如果早晨我们看到天边出现颜色鲜红的朝霞，那表明大气中的水汽和尘埃等杂质很多，在太阳光线的折射下，这些水汽和尘埃呈现出了鲜艳的颜色，它说明降水云层已经侵入了本地。如 2003 年 7 月 9 日早晨 7 时许，早起锻炼的成都市民发现天上出现了美丽的"火烧云"，特别是太阳在东方初露晨曦时，形成了鲜艳夺目的霞彩，映红了大半个天空，看上去煞是壮观。这次"火烧云"持续了大约 10 分钟才逐渐淡去。中午，成都天空便被厚厚的云彩所笼罩，之后市区竟然下起了瓢泼大雨。

朝霞的颜色不同，带来的天气也有显著差别。专家介绍，在太阳露出地平线以前，天空出现的粉红色朝霞，说明当时天空多为卷层云或密卷云、毛卷云,预示有连绵不绝的阴雨天气出现;太阳升起后,天空出现的绛紫色朝霞,说明当时天空多为块状低云,预示有雷雨发生。

"烧"人的晚霞

那么,为什么晚霞带来的是晴好天气呢?

专家指出,在傍晚,如果天空出现了金黄色的霞,一般说明西方云量较少,空气中的水汽和杂质也相对较少,所以阳光才能无遮无挡地透射过来。所以,晚霞出现,一般预兆的是晴好天气。四川南充傍晚出现火烧云,便应验了这一说法:火烧云"现身"后,南充市连续几天出现了晴朗的好天气。这种现象不胜枚举。如2006年7月17日,台风"碧利斯"刚从南昌过境不久,当天傍晚,南昌八一桥上空便出现了火烧云奇观,天空被染成了金黄色。市民们仰头看着美丽的火烧云,心情都较好,因为台风带来的暴雨和洪水已经让大家受够了,未来能有晴好天气出现,能不高兴吗?不过,随后一周的连晴高温天气却让大家够呛,天气那个热啊,真是受不了!

此外,民间还流传有一句谚语:朝霞暮霞,无水煮茶。这又是什么意思呢?原来,在早晨和傍晚,天空有时还会出现一种褐红色的霞,这种霞与云霞有着本质的区别,它一般是在连续晴天的时候出现。专家解释,这种霞出现时,表明空中水汽含量一般很少,尘埃、盐类等杂质却较多,太阳光线通过大气层时,短波光多被吸收,有的色光即使不被"吃掉",也会因反射而改变方向,只有波长最长的红光能"逃"出重围,从而映红一部分或大部分天空,因此,这种条件下形成的霞,往往预示的不是雨天,而是会"晒死"人的艳阳天。

瓦块云晒煞人

如果你留意观察,就会发现在高温热浪天气里,天空经常会出现一种轻盈的高云,它们有的像鱼鳞,有的像瓦块,有的像豆荚,常常排列成行,颜色看上去显得非常明亮。

然而,这些云不但未给人们带来一丝阴凉,相反,它们的出现,意味着高温热浪天气还会持续,因此民间有"瓦块云,晒煞人"之说。

天上有片瓦块云

暑假里,小明到南方的外公家玩耍,没想到,他一到那里,就碰上了恼人的高温天气。

太阳毒辣地照耀着大地,天热得像下了火,空气也似乎要燃烧起来了,身上的汗不停地涌出来,衣服很快湿透了。

"这天气真热,什么时候能下雨呢?"小明心里很烦躁,因为炎热,他只能老老实实地呆在屋里,哪儿也不能去。

外公戴上墨镜,把目光望向天上,看了一会儿后,苦笑着摇了摇头。

"外公,最近还是不能下雨吗?"小明着急地问。

"嗯,天气预报说这几天都没有雨,从天上的云来看,确实不像有雨的样子。"外公说。

"您根据天上的云就知道天气?"小明有些惊讶。他抬头看了看天空,天上除了一轮炽热的太阳外,四周只有一些薄薄的云彩,它们排列在一起,看上去有点像瓦块,又有点像鲤鱼身上的鳞甲。

"是呀,我年轻时在乡下当过业余气象员,所以养成了长期看云识天气的习惯,慢慢也积累了一些观云的知识。"外公说,"现在天空中这种像瓦块

135

状的云,它一般出现在晴热天气里,并且预示着未来还会持续这种天气。"

"真的呀?"小明一下瞪大了眼睛。

"嗯,农村有不少谚语专门说这种云,像'瓦块云,晒煞人'、'瓦片云,曝死人'等等,都是说这种云　旦出现,天上不但不会下雨,而且还会变得很热。"外公用毛巾擦了擦汗水说,"因为这些云看起来还有点像鲤鱼身上的斑点,所以人们把它们叫做鱼鳞斑,并说'天上鱼鳞斑,明天晒谷不用翻'——对农村来说,这种好天气非常适合晒谷,但晴的时间久了,农村有时也热得受不了。"

"唉,那照您这样说,最近几天更热了?"小明没精打彩,"好吧,那我还是看书去喽。"

瓦块云的真实身份

小明外公所说的"瓦块云"究竟是一种什么样的云呢?

这种瓦块云的学名叫透光高积云,这是中云家族的一种,它们一般位于

2 500～4 500 米的高空,在中国南方的夏季,它们甚至可以"站"到 8 000 米高处。因为排列在一起像鱼身上的鳞片,所以它们又被称为鱼鳞云。这种云的特点是云块较薄,颜色呈白色,云块轮廓分明,常呈扁圆形、瓦块状、鱼鳞片,或是水波状。

这种云是怎么形成的呢?我们知道,漂浮在天空中的云彩是由许多细小的水滴或冰晶组成,有的则是由小水滴和小冰晶混合在一起组成,有时候,云中还包含一些较大的雨滴及冰、雪粒等,透光高积云也不例外,不过,构成云体的水滴或冰晶都很小,它们一般是被稳定的气团"托举"到高空去的,所以,透光高积云可以说是稳定气团的"形象大使"。由于稳定气团控制下的天气一般都比较晴好,所以透光高积云的出现便预兆着未来天气晴好。

下面让我们一起来见识一下各地屡屡出现的瓦块云。

2010 年 7 月 2 日,北京天气晴朗,空中出现瓦块云,第二天当地的天气也比较晴好,高温热浪随之而来。

2011 年 7 月 4 日,河北沧州出现瓦块云,场面蔚为壮观,而之后当地炎炎烈日,酷热难当。

2013 年 5 月 4 日,浙江杭州西湖断桥上空出现了瓦块云,吸引众多市民和游客驻足观赏,之后当地数日气温升高。

2013 年 8 月初,江苏苏州经历长达数日的超高温天气,而市民也屡屡观察到瓦块云的踪迹。

……

专家告诉我们,透光高积云如果变化不大,那么很多时候都预示着晴天,但如果高积云厚度继续增厚,并逐渐融合成层,那么便显示天气将有变化,甚至会出现下雨现象。此外,我们在观察瓦块云时,还应该把它和一种"长相"相似的"细鳞云"区别开来:"细鳞云"的形状也像鱼鳞,不过它的云体更细小,这种云名叫卷积云,是高云家族的一员,多发生在低压槽前或台风外围,它们的出现,预兆着近期会刮风或下雨,所以又有"鱼鳞天,不雨也风颠"的谚语。

天上豆荚云，地上晒煞人

与透光高积云一样，具有"预报"高温热浪天气功能的还有一种云，它就是透光高积云的"堂兄"——荚状高积云。

荚状高积云的云块呈白色，中间厚、边缘薄，轮廓分明，通常呈豆荚状或椭圆形，当阳光和月光照射到云块时，常常会产生美丽的彩虹。荚状高积云是自然界的一个奇观，有时候它们会被误会为飞碟或不明飞行物体，所以亦俗称"飞碟云"。

荚状高积云的"豆荚"是如何形成的呢？原来，它通常形成在下部有上升气流而上部有下降气流的地方：上升气流因绝热冷却形成的云，遇到上方下沉气流的阻挡时，云体不仅不能继续向上伸展，并且其边缘部分还会因下

沉气流增温的结果,蒸发变薄而出现豆荚状,也就是说,荚状高积云的"豆荚"是被活活"压"出来的。

荚状高积云的形成还有另一个原因:在山区,受地形影响,气流越过山丘后以波浪状推进,在波峰上水汽凝结成云,经过一段时间的积聚,会形成像由大小不同的头盔堆叠而成的荚状云。

专家指出,荚状云如果孤立出现,且无其他云系相配合,那么多预示晴天,所以农村有句谚语叫"天上豆荚云,地上晒煞人"。

日晕过午晒死虎

夏天午后出现日晕会晒死老虎,你信吗? 早上出现浮云能把小狗晒死;黄昏太阳落在乌云里,明天就会出现高温天气,这些现象背后到底有什么秘密呢?

日晕过后是晴是雨?

晕,是悬浮在大气中的冰晶折射或反射阳光(月光)而形成的光学现象。大气中存在卷层云,就会存在冰晶。当光线射入冰晶后,经过两次折射,分散成不同方向的各色光,易形成晕。晕通常呈环状或弧状,有红、橙、黄、绿、蓝、靛、紫 7 种颜色。由太阳光形成的晕称为"日晕",月光形成的晕称为"月晕"。

上午日晕的出现,一般代表天气将会发生变化。因为蕴含冰晶的卷层云一般是雷雨天气入侵的"先锋",当天空中出现日晕后,一般十几个小时内风雨便会到来,所以日晕出现,往往预示着天气会转坏。故民谚有"日晕三更雨,月晕午时风"之说。

不过,夏天午后出现日晕,代表的天气可能正好相反。有一句谚语"太阳晕过午,无水洗脚肚",意思是夏天午后如果出现日晕,那么未来将有一段连晴日子,甚至会出现旱情。此外,"日晕过午,晒死老虎;月晕半夜,水流石壁",这句谚语的意思是说,日晕如果出现在夏天午后,那么就预示未来将出现高温炎热的晴朗天气,而要是在半夜看到月晕,说明将有一场暴雨来临。

你可能会问:为什么同是日晕,有些日晕代表的是下雨天气,而有些日晕却代表连晴高温呢? 专家分析,一般情况下,日晕在上午出现,说明密卷云正在进入本地,跟在它后面而来的便是降雨云系,所以会出现"日晕三更雨"的现象;而日晕在午后出现,往往是降雨天气已经结束,下面的降雨云层先行消散,上面的卷层云因为来不及"逃跑",于是折射和反射阳光而形成日晕。

我们还是来看一个典型的例子吧。2010年7月的一天午后,长沙市上空出现日晕,太阳被一个大圆圈包围在里面,吸引了不少路人观看。"出现日晕,可能会下雨!""没错,日晕三更雨,月晕午时风,这雨可能晚上就会下来。"市民们议论纷纷。此前,长沙头一天晚上刚下过一阵雨,但这场雨远远没有消暑降温,第二天气温迅速反弹,热浪又笼罩着大地,大家都希望这天出现的日晕能"带来"新的雨水消暑。不过,令人始料不及的是,此后几天当地却滴雨全无,在太阳的毒辣照射下,高温攀升,热浪灼人,市民们如困在蒸笼中一般。高温热浪导致长沙生态动物园停水三天,在高温和缺水的双重打击下,一只马鹿不幸被热死——这场持续高温天气热死的虽然不是老虎,但替死鬼马鹿的"牺牲",也能让人想象到这场高温热浪是多么的可怕。

日晕晒死虎

2011年8月上旬的一天下午,四川成都市上空出现不太明显的日晕现象:淡淡的云将太阳围了起来,形成一个巨大的半圆弧。由于这个日晕不太明显,许多市民都未注意到。但此后一段时间,高温热浪持续"烧烤"成都,不但人人叫苦,动物们也过得很不爽。在成都动物园的狮虎豹馆,为了给来自北方的东北虎降温,工作人员在7只老虎的面前各摆放了一大块冰块。老虎们静静地趴在地上,热得直喘气,并不时舔一舔冰块,而老虎的邻居们——怕热的北极熊则爱上了"冲凉解暑",它们将全身都藏在水池里,任凭游客怎么逗弄,就是不肯出来。

在英国,2013年7月,高温热浪袭击了大部分地区。随着当地气温不断攀升,来自寒冷地带的东北虎为了避暑,将动物园内的人工瀑布完全霸占,它们爬上4米高的瀑布,然后一跃而下,落在下面的水潭中,上演了一出出精彩的"虎落水潭"好戏。据悉,在这场高温热浪袭来之前,英国一些地区曾看到过日晕现象。

"日晕晒死虎",是形容日晕过后会带来火热的天气。不过,夏天午后出现的日晕与未来高温天气之间究竟有多大关系,现在还无法作出定论。在日常生活中,我们可以留心观察,如果夏天午后出现日晕,不妨可以将其作为高温天气的征兆,提前做好防暑降温的准备工作。

早起浮云走,中午晒死狗

夏天早上起来,我们有时会看到天上飘着一朵朵浮云。这些云的个头都不大,而且显得很破碎,如果仔细观察,可以看到它们正在移动。

民间有句谚语,"早起浮云走,中午晒死狗",意思是说早上看到浮云在移动,那么中午的天气就会非常炎热,比喻能将狗晒死。这些浮云也能"预报"高温天气?

原来，这种浮云就是低云家族中的碎积云。碎积云一般个体小，轮廓不完整，形状多变，多为白色碎块，而且移动速度较快。它们是空中对流作用形成的云，这种云一方面在形成中，一方面又在蒸发消散中，因此就形成了稀薄、边缘破碎的形状。碎积云形成后，如果移动较慢，那么随着对流增强，它就可发展为淡积云，淡积云再发展下去，就有可能形成浓积云、积雨云等，从而带来雷雨，但如果碎积云移动很快，就表明空气中虽然有热力，但对流增强并不明显，不可能形成降雨云层，相反，随着太阳的照射，中午的热力会更强，气温会更高。

风雾兆晴天

风和雾是大自然的一种气象现象,有时候,它们也能"预报"连晴高温天气哩。

朝雾晴,晚雾雨

"好大的雾!"早晨小明和同学们一起去上学,只见雾笼罩着大地,远处的楼房、树木、道路等全都掩映在乳白色的雾气中,看上去隐隐约约,缥缥缈缈。

"这么大的雾,今天应该会下雨吧?"一位低年级的同学问小明。

"应该不会下雨,"小明想了想,说,"上次我们班组织去气象台参观,我听气象台的叔叔讲过,早晨出现雾,一般是大晴的标志,所以今天应该会是晴天。"

"还要晴啊,都快热死了!"大家七嘴八舌,心里都感到有些失望。

早晨出现雾,为什么天气就会晴呢?咱们还是先来看看雾是如何形成的吧。雾是空气的水汽凝结而成的细微水滴。形成雾的先决条件是,空气中必须有充足的水汽,也就是空气要达到"过饱和"状态,这就像人吃饭吃得很饱一样。空气要达到这种状态,有几种情况:第一种情况是空气辐射降温,比如在晴朗无云的夜晚,地面热量迅速向外辐射出去,近地面层的空气温度迅速下降,空气一冷却,里面的水汽就很快达到过饱和了;第二种是当温暖湿润的空气流到比较冷的地面或海面上时,空气也会因受冷而达到过饱和;第三种情况是冷的空气流到温暖的水面上,当两者温差较大时,水汽便从水面上被蒸发出来,然后又进入冷空气中,因遇冷而达到过饱和。当空气达到过饱和状态,近地面大气中又有足够的凝结核(如灰尘、烟粒、盐料、杂质等),雾便形成了。

关于雾和天气的关系，中国古人总结得很好，民间有"晨雾即收，旭日可求"之说，意思是早晨出现薄雾，并且很快散去，那么这天一定是个艳阳天。民谚也有"朝雾晴，晚雾雨"的说法，意思是早晨出现雾气将会是晴天，傍晚出现大雾将会下雨。

你可能会问：这到底是什么原因呢？

大家可能都有这样的感觉，如果第二天是个大晴天，那么夜晚和早晨，会感到比较凉爽；如果第二天是阴天，夜晚和早晨会感到有些闷热。这又是为什么呢？原来，白天太阳通过向外放射短波辐射，将热量传递到地球上，使地球变得很热；到了晚上，地球又会通过长波辐射，将一部分热量传送到空中，从而使地球表面的温度降低。阴雨天的夜晚，厚厚的云层覆盖在空中，就像给地面加了一层大棉被，地面辐射的热量碰到"棉被"，大部分都会被反射回来，所以夜晚和早晨的气温都不会太低。相反，晴天的夜晚和早晨，空中一般无云或少云，长波辐射的热量都传送出去了，所以气温会有所下降，特别是凌晨 5 时左右气温下降幅度最大，空气中的水汽就可能因气温降低达到过饱和而形成雾，所以，早晨出现雾，一般是晴好天气的征兆。

除了朝雾，其他时间出现的雾也会"预报"晴天，民谚说得好："云吃雾下，雾吃云晴。"意思是雾出现后，天上紧跟着来了云，那么就可能会下雨；如果云消雾起，说明晴朗天气即将来临。据气象专家分析，"云吃雾下"是低气压将要来临的象征，所以会下雨，而"雾吃云晴"则表示低气压已过，控制本地的将会是高气压，所以会出现晴天。

此外还有一种说法：久晴大雾阴，久阴大雾晴。意思是说，久晴之后如果出现雾，说明有暖湿空气移来，空气潮湿，是天阴下雨的征兆；久阴之后如果出现雾，则表明天空中云层变薄裂开消散，地面温度降低而使水汽凝结成辐射雾，待到日出后雾将消去，就会出现晴天。

六月东风干断河

太阳高悬空中，阳光火辣辣地照耀着大地，树叶被晒得卷了起来，小河露出河床，河水快要断流了。

李大爷站在田坎边，望了望自家的庄稼，无可奈何地摇了摇头——田地的庄稼因为缺水，苗叶枯黄，快要干死了。

"天旱了这么久，一滴雨都不下，庄稼快没救了。"李大爷的儿子小李也来到田边，他看了看奄奄一息的庄稼说，"咱们赶紧想想办法吧！"

"有啥办法可想，这个月看来都不会下雨。"李大爷叹了一口气说，"古话说得没错：六月东风干断河。这风如果还刮下去，雨就不会下，庄稼都会全部干死……"

"真的呀？"小李惊讶地说，"那得赶紧想其他办法抗旱！"

在这个事例中，李大爷所说的"六月东风干断河"是什么意思呢？很简单，就是说如果农历六月里刮东风，那么本地将会出现旱情，河床里的水会渐渐下降，并且越来越少。

气象专家告诉我们，风是地球上常见的一种气象现象，它和高温干旱的关系比较密切。民间有谚语"春东风，雨祖宗，夏东风，一场空"，意思是说，春天要是刮东风,那么就会出现春雨绵绵的天气,而夏天要是刮东风,那么将会雨水短缺,给农作物生长带来不利。"春时东风双流水,夏时东风旱死鬼",这个意思和上一句的谚语差不多,是说春天如果刮东风,将是阴雨天气,地上将雨水横流;夏天如果刮东风,将会出现严重的旱情。另外,刮南风也会带来异常天气,"五月南风发大水,六月南风井底干",是说农历五月如果刮南风,往往会带来热带风暴,造成大量降雨,引发水灾,而农历六月刮南风,不但不会下雨,而且还会出现高温干旱。

那么,六月的东风和南风为什么会带来高温干旱天气呢? 据分析,这是因为夏季,中国大陆东南沿海一带被副热带高压所控制。高空存在高压,是晴好天气的象征。副热带高压就像一个旱魃,它的存在会使当地高温连连,酷暑难耐,出现严重干旱天气。

冬冷还是春寒

一般情况下,冬天都是最冷的季节。但某些特殊的时候,冬天并不寒冷,最冷的季节反而是次年的春季。

那么,我们如何能判断次年春季是否寒冷呢?

冬暖春后寒

艳阳高照,天气晴好,午后的阳光照在身上,让人感觉很温暖。

"今年的冬天真舒服,一点都不冷。"院子里,几个年轻人一边晒太阳,一边小声议论。

"舒服是舒服,可开了春咋办?"院子角落里传来一个声音。大家回头一看,原来是老余头。老余头七十多岁,种了一辈子庄稼,是村里德高望重的老人。

"余伯,照您的老经验,开了春天气会咋样?"有人问。

"你们没听说过'冬暖春后寒'吗?今年冬天比较暖和,但开了春后,冷的日子长着哩。"老余头有些担忧地说,"看这样子,明年的春播有点难呢,到时可别把秧苗冻坏了。"

"余伯,您老多虑了吧?"有个年轻人不以为然地说,"今年冬天暖和,明年春天不一定就会冷。"

"是呀,听说现在全球气候变暖,也许明年开春也不会冷呢。"旁边有人附和。

"气候再怎么变暖,也不可能变到没有冷的时候。"老余头摇了摇头说,"你们等着瞧吧,明年开了春一定冷得你们打抖。"

"哈哈,有这么严重?"几个年轻人毫不在意地笑了起来。

转眼间,一个多月过去了。过了新年,春天很快来临,然而,今年的春天冷得不得了,不但太阳连续多日不露面,而且北风凛冽,有一天甚至下起雪花来。

"余伯说的没错,今年的春天真冷!"几个年轻人终于心服口服了。

老余头的"预报"奏效了,那么他所说的"冬暖春后寒"有没有科学道理呢?气象专家告诉我们,"冬暖春后寒"是劳动人民在长期实践的基础上总结出来的谚语。正常年份,北方冷空气冬春季节南下的总次数和强度都差不多,一般情况下,冷空气冬季南下的次数相对较多,因此冬季一般比较冷,但有的时候,冷空气会在冬季蜇伏,初春才大规模南下,这样便出现了"冬暖春后寒"的情形。类似的谚语还有"冬暖要防春寒",这也是提醒人们:如果冬季比较暖和,转入初春就要特别注意防寒防冻,因为这时候北方冷空气会频频南下,造成气温大幅度下降,给牲畜、农作物造成冻害,所以要特别注意防春寒。

气象专家还指出,即使是正常寒冷年份的冬天,有时也会出现冷暖不均的时候,民间有一句谚语叫"前冬不穿靴,后冬冷死人"。它的意思是说,如果冬天的前半段比较暖和，不穿靴子也能过下去，那么就要警惕后冬了，因为后冬有可能会出现极度寒冷的天气。

树不落叶兆春寒

冬天里，许多树都会因为寒冷而落叶，但如果冬天天气暖和，一些树的老叶就会不落或暂缓落，这其中的代表之一就是榕树。

榕树是一种大乔木，它可以长到 15 米以上，最高的可达 25 米，胸径达 50 厘米，可以说冠幅广展，就像一把大罗伞。这种树喜欢高温多雨、空气湿度大的环境，在中国，它们主要分布于广西、广东、海南、福建、台湾、云南、贵州、湖南及江西等省的部分地区。在冬季的寒冷侵袭下，榕树老叶一般会掉落，只保留当年长出的新叶。不过，如果这年的冬季比较暖和，那么这些老叶就不会掉落。人们通过长期的观察发现：如果榕树的老叶在冬季里没有掉落，那么便预示来年开春会出现寒冷天气，因此民间有"榕树不落叶兆春寒"之说。

树木冬天不落叶,但进入春季之后,在"倒春寒"的侵袭下大量掉叶,这种典型的例子曾在上海出现过。2010年4月,上海遭遇24年来首个"倒春寒",细心的市民发现了一些奇怪现象:包括榕树在内的一些树出现了落叶现象。一位姓王的女士说,她家附近的香樟树一直在落叶,不知道是不是天气太冷的缘故。她同时提出了自己的疑问:"树木都是在冬天落叶的,怎么现在才开始落?"与王女士一样有疑问的市民还真不少,有人还在网上发帖讨论。这些树的老叶本该在冬天掉落,但因为冬天比较暖和,所以老叶一直保留到了春季,在"倒春寒"的寒冷侵袭下,它们才不得不离开树枝,飘落到了大地上。老叶掉落之后,树上的新叶才开始萌发,从而完成新老树叶大"换岗",实现生命更替。

大雪迎风三九暖

　　"寒风迎大雪,三九天气暖",这个谚语主要是指"大雪"节气。大雪是二十四节气之一,它出现在每年12月6至8日。这个时段,雪往往下得大、范围也广,故名大雪。这时中国大部分地区的最低温度都降到了0℃或以下,往往在强冷空气前沿冷暖空气交锋的地区,会降大雪,甚至暴雪。"寒风迎大雪,三九天气暖",说的是如果"大雪"这天寒风呼啸,大雪飘飞,那么"三九"天气就会比较暖和。据专家分析,这是因为前冬冷过了,后冬便不会再冷。

瑞雪兆丰年

下雪,是冬天一道独特而美丽的风景,不过,降雪天常会带来令人恐惧的寒冷空气。降雪虽说是寒潮一手"导演"的,但适量的白雪降到地面上,却给人间带来了喜庆和欢乐。在中国的北方地区,大雪之后,人们堆雪人,打雪仗,玩得不亦乐乎。对农村来说,降雪还预兆着来年的丰收呢。

大雪纷纷是丰年

"瑞雪兆丰年"是我们耳熟能详的一句谚语,而"冬天麦盖三层被,来年枕着馒头睡"更是直接道出了农民朋友对来年丰收的憧憬和喜悦。"冬有三天雪,人道十年丰"、"雪姐久留住,明年好谷收"、"大雪兆丰年,无雪要遭殃"、"今年大雪飘,明年收成好"、"江南三足雪,米道十丰年"等,说的也是这个意思。

为什么冬雪能预兆来年获得丰收呢?"冬雪消除四边草,来年肥多虫害少"、"大雪半溶加一冰,明年虫害一扫空"等谚语道出了其中的科学原理:雪不易传热,它积在地面上,可使土中热力不易发散,增加土地的温度,对于来年春季植物的生长很有益;同时,土壤里的细菌因此得以繁殖,使许多有机质腐烂,杂草种子也一度发芽生长起来。到了融雪期间,大量的热又被吸去,温度过低,杂草和细菌又被冻死,特别是雪未溶完时,若有一股冷空气南下,气温再度下降,使雪水成冰,就会使地表面温度再度降低,杂草及昆虫都被冻死,因此来年便会获得丰收。

雨来雪不歇

上午,天空阴沉沉的,冷风和着小雨拍打着大地。到了中午,小雨中还杂夹着纷纷扬扬的雪花,气温越来越低,一出门,雨雪落在身上,被风一吹,冷得人直打抖。

"这鬼天气真是要命,又下雨又下雪的,啥时能停哟?"小华站在门口望了望天空,心里犹豫着要不要带雨具。

"小华,把伞带上吧,这雨雪一时半会是不会停的。"爸爸嘱咐道。

"你怎么知道雨雪不会停?"小华的好奇心一下被勾了起来。

"不是有一句谚语叫'雨来雪不歇'吗?下雨之后,紧跟着来了雪花,这天气短时间内就不会好转。"

"这是什么原理呢?"小华接着问到。

"这个嘛,我也不太清楚。"爸爸尴尬地笑了笑说,"不过,咱们可以打电话问问气象局的专家。"

在爸爸的鼓励下,小华拨通了气象局的电话。气象局一位姓李的专家告诉小华,"雨来雪不歇"这句谚语,指的冬春季节,冷空气来到本地后,大气中的水汽冷却凝结,变成雨从天上降了下来;随着云中的温度越来越低,一些水滴冻结成雪花,与雨一起下到了地面上。因为"雨来雪"这种现象预示着冷空气正越来越强,所以天气会变得更糟糕,雨雪不但不会停止,气温还会降得更低。

李姓专家还告诉小华,雨雪天气里,判断雨和雪会不会停止,还可以看天上的云:如果天上的云越来越薄,越来越亮,那么预示雨雪在短时间内有可能会停止;而如果满天是云,而且云不断地移动,那么雨雪就会下个不停,因此有"满天乱飞云,雨雪下不停"的说法。

此外,冬春季节我们还会遇到一种既下雨又下雪的天气,这就是雨夹雪。俗话说"雨夹雪无停歇",它表示空中冷暖气流激荡无常,因此,这种雨夹雪天气与"雨来雪不歇"一样,短时间内也不可能转晴。

153

冬雪回暖迟,春雪回暖早

由于降雪是由冷空气入侵造成的,因此降雪天气往往也预示着寒冷空气的盛衰兴败。这其中,冬天降雪和春天降雪代表的意义各不相同,有一句谚语概况得很好:冬雪回暖迟,春雪回暖早。

它的意思是说,冬天下雪,那么预示着未来的气温回升比较慢,而春天下雪,则预示着未来气温回升比较快。这是因为冬天的冷空气正处于强盛时期,下雪后,冷空气的剩余势力还会持续不断地涌来,因此,"冬雪回暖迟";而春天的冷空气处于衰败阶段,一般一场雪下过之后,这股冷空气的势力便基本耗尽了,所以气温回升会比较快。如2006年2月16日,一股强冷空气袭击四川盆地,致使四川出现了大范围的降温降雨天气,16日晚至17日凌晨,成都市更是骤降雪花。伴随漫天飞雪,最低气温降到了3 ℃左右,市民们饱受"倒春寒"的折磨。不过,18日开始,天气开始好转,太阳照耀大地,气温很快回升,市民们迎来了喜洋洋的春天。

在江苏的常熟地区，有一句谚语也是说雪后的天气："雪花停后天易晴。"据分析，这是因为寒潮来临时，在当地形成一个低压系统，而降雪发生在低压快要过境的时候。雪一降完，低压过去，控制本地的便是高压，所以雪天之后，天气便转晴了。湖南省也有"雪落有晴天"之说，原理和这个差不多。

"大雪不冻倒春寒"，这是广西流传的一句谚语，意思是"大雪"节气这天如果不冷，那么来年春天就会出现"倒春寒"。河北也有"大雪晴天，立春雪多"之说，意思是"大雪"这天是晴好天气，那么立春之后降雪天就会比较多。另外，江苏、浙江、江西、湖南、贵州等地还有"大雪不冻，惊蛰不开"的谚语，说的是如果"大雪"节气这天不寒冷，不冰冻，那么来年春天会比较寒冷，（冰冻）一直持续到"惊蛰"节气都不会开解。

严霜兆晴天

寒冷的夜间,有一种白色的冰晶会在不知不觉间悄悄形成,第二天早晨你开门一看,草丛啊、树枝啊、房顶啊全都白花花一片。

不用说,这种冰晶就是咱们之前提到过的霜。霜的出现,对天气好坏也有较强的预兆性。

霜的形成

寒冷的天气里,如果你仔细观察,就会发现一个有趣的现象:只要早晨地面上有很重的霜,像铺上了一层白白的盐巴,那么这天十有八九是个大晴天。因此,民间有"严霜兆晴天"的谚语。这是为什么呢?

这得从霜的形成过程说起。霜是一种白色的冰晶,它多形成于夜间。少数情况下,在日落以前太阳斜照的时候也能形成。通常,日出后不久霜就融化了。但是在天气严寒的时候或者在背阴的地方,霜也能终日不消。

霜形成的首要条件,是地面上的草、树枝、屋顶等表面温度要足够低,这样近地面的空气一靠近这些物体,里面的水汽就会因冷却而达到饱和,并从空气中分离出来。如果地面上的温度在 0 ℃以上,那么这些水汽就会形成露,而如果温度在 0 ℃以下,那么这些多余的水汽便在物体表面上凝华为冰晶,这就是霜。

霜的形成,与夜间天气状况密不可分:在天空晴朗无云的情况下,长波辐射会把地面上白天积攒的热量迅速辐射出去,使地面的温度下降到 0 ℃以下,从而为霜的形成奠定基础。此外,风对于霜的形成也有影响:微风的时候,空气缓慢地流过冷物体表面,不断地供应着水汽,有利于霜的形成(不过,风过大则利于挥发而不利于霜形成)。从霜的形成条件,我们可以得出这样的结论:只有天气晴好的夜间,霜才能生成,反过来说,霜一旦出现,就说明天空无云或少云,那么第二天很可能是个大晴天。

春霜雨,冬霜晴

人们常说"霜后暖,雪后寒",意思是霜后并不像雪后那么冷,而是显得比较暖和,这是因为天亮日出,天空无云,而太阳光很强,加之霜的水分很少,融解时并不需要大量热量,所以天气相对来说就没那么冷。

不过,冬季和春季出现的霜还是有区别的,"春霜雨,冬霜晴",说的是春天出现霜,紧接着将会有雨;而冬天的早晨看到霜,这天必是大晴天。"一日春霜三日雨,三日春霜九日晴",意思是在春季,要是一天出现霜就会连降三天雨,而如果连续三天出现霜,那么就会有九天的晴朗天气。专家分析,冬霜和春霜的区别,主要是因为春天的水汽相对比较充沛,冷空气一来,水汽在夜间凝结成霜后,冷空气还会与较暖的气流打架,从而形成降雨。但如果

连续三天都出现了春霜,说明暖湿气流完全退出了本地,因此会迎来九天左右的晴好天气。

　　"三日春霜九日晴"并不是绝对的。在福建的福州等地,流传的是"春霜不出三日雨",意思是说,春季连续三天有霜,那么天气一定会变坏,将会出现下雨天。这是因为福州的纬度较低,春季的晴天,太阳光比较强烈。在火辣的阳光照射下,白天温度连日增高,气压降低,使本地和四周之间的气压梯度增大,于是便会发生空气的流动现象,天气发生变化,就可能要下雨了。